W0253450

ISBN 978-3-642-48535-0 ISBN 978-3-642-48602-9 (eBook)
DOI 10.1007/978-3-642-48602-9

Geographie und Geschichte im Verkehrs- und Siedlungswesen Nordamerikas.

Von

Professor Dr.-Ing. **Blum**-Hannover.

(Mit 36 Abbildungen.)

Einleitung.

Unter „Nordamerika“ sind nachstehend die Vereinigten Staaten von Amerika (USA.) zu verstehen, manche unserer Betrachtungen gelten auch für Canada, zumal für seinen Südosten, der den sog. Nordstaaten der USA. klimatisch, wirtschaftlich und völkisch ziemlich nahe steht, sie gelten aber nicht für Mittelamerika, das sich in Klima und Bevölkerung, Wirtschaftstufen und Verkehrswesen stark von seinem nördlichen Nachbarn unterscheidet. Auch für das Gebiet der Vereinigten Staaten sind unsere Untersuchungen für den Süden mit seiner Plantagenwirtschaft und farbigen Bevölkerung und für den Westen (die pazifischen Küstengebiete) nur mit Einschränkungen zutreffend. Der Süden bildet nämlich mit Mittelamerika, der westindischen Inselwelt und dem Norden von Südamerika einen einheitlichen, mexikanisch-westindischen Lebensraum, der vom amerikanischen Mittelmeer einheitlich zusammengefaßt wird. Allerdings ist die wirtschaftliche Einheitlichkeit nicht so ausgeprägt, wie bei dem Lebensraum des europäisch-afrikanischen Mittelmeers, denn die Entfernungen sind drüben größer. Beträgt doch der Abstand zwischen der Mündung des Mississippi und des Magdalenen-Stroms 2250 km, und die trennende Kraft so großer Seestrecken hat auch zu starken Unterschieden in der völkischen, politischen und wirtschaftlichen Entwicklung geführt.

Der Westen bildet trotz der Pazifikbahnen und des Panama-Kanals — namentlich im Sinn unserer Betrachtungen — eine Welt für sich, und zwar eine Art Kolonialland, aber mit starken eigenen Zügen, er ist zwar größtenteils angelsächsich, aber mit spanischen und ostasiatischen Elementen durchsetzt und er gehört in seinen wichtigsten Gebieten schon mehr zu den Subtropen.

Die natürlichen Landschaften Nordamerikas, namentlich die Klimaprovinzen und aus diesen sich ergebend die wirtschaftlichen und Rasseprovinzen, decken sich in großem Umfang nicht mit den Staatenbildungen. Hierdurch treten nicht nur in Politik und Wirtschaft, sondern auch im Verkehr und Siedlungswesen Spannungen, Disharmonien und unnatürliche Bildungen auf.

Der **Zweck** der nachstehenden Betrachtungen ist hauptsächlich der, die für das **Siedlungs**wesen und den Städtebau Deutschlands verantwortlichen Männer darüber aufzuklären, daß Nordamerika für uns **nicht** vorbildlich sein darf, sondern daß wir von Amerika im allgemeinen nur lernen können, wie man es nicht machen darf.

Diese Aufklärung ist dringend notwendig, denn trotz aller so schlimmen Erfahrungen, die wir mit der Entvölkerung des platten Landes, mit der Vernichtung von Bauern, mit der Entwurzelung weiter Volkskreise, mit ihrer Zusammenballung in den Riesenstädten, mit ihrer körperlichen, seelischen und völkischen Degenerierung, mit den übergroßen Mietkasernen usw. gemacht haben, gibt es in Deutschland immer noch Leute, die uns Amerika mit seinen der Welt gebietenden Riesenstädten, seinen himmelstürmenden Wolkenkratzern, seinen riesigen Brücken, seinen mehrgeschossigen Straßen, seinem brausenden Verkehr, kurzum mit all seinem äußerlich Großen als Vorbild anpreisen, wobei sie namentlich ein herrliches Zukunftbild der künftigen Weltstadt Berlin vorzaubern. Denn das heutige Berlin ist doch eigentlich nur ein Dorf, es hat nur 4 000 000 Einwohner, ist nicht einmal halb so groß wie New York, es muß ganz umgebaut werden und muß vor allem ganze Wolkenkratzer-Stadtviertel erhalten. — Die drei größten Städte der Welt, in denen so überzeugend zum Ausdruck kommt, wie herrlich weit wir es gebracht haben, sind „Groß"-New York mit 9 000 000, „Groß"-London mit 7 000 000 und „Groß"-Tokio mit 5 300 000 Bewohnern!!

Manche dieser Lobredner Amerikas sind nicht etwa nur Geschaftlhuber und Wichtigtuer (oder gar Spekulanten und Schieber), sondern sie sind ehrlich von der Größe Amerikas überzeugt. Sie sehen daher auch die amerikanische Krise als eine vorübergehende Erscheinung an, die mit finanztechnischen Maßnahmen (d. h. Kunststückchen, Morphium- und Kampferspritzen) geheilt werden könnte, und es ist ihnen unbekannt (und auch unverständlich), daß die Krise vor allem in der falschen Entwicklung des Siedlungs- und Verkehrswesens begründet ist, und daß sie daher, wenn überhaupt, so jedenfalls nur geheilt werden kann durch eine grundsätzliche Abkehr von der bisherigen Siedlungs- und Verkehrspolitik.

Wie groß die Schar dieser Bewunderer Amerikas ist, kann man daraus entnehmen, daß man sie in verschiedene Gruppen einteilen muß, wenn man das deutsche Volk vor ihren Ratschlägen bewahren will. In unserm Zusammenhang ist vor allem vor folgenden Arten von Ratgebern zu warnen:

1. Es gibt auch heute noch Menschen, die das Leben nur von der wirtschaftlichen und hierbei womöglich nur von der finanztechnischen Seite her sehen, hierüber aber das Seelische und Völkische vergessen. Alles „wirtschaftliche" Handeln darf aber nie nur vom wirtschaftlichen Standpunkt aus beurteilt werden, sondern es muß, nachdem die wirtschaftliche Seite genau geprüft ist, durch eine weitere Untersuchung geklärt werden, ob die wirtschaftlich richtige Maßnahme auch für Mensch und Volk richtig ist.

2. Es gibt Leute, die sich an dem ungeheuren „Tempo" der amerikanischen Entwicklung berauschen, aber hierbei nicht wissen, wie gefährlich dies Tempo für die Gebiete und ihre Bevölkerung ist, die sich wirklich schnell entwickelt haben, und auch nicht wissen, daß große Gebiete in Amerika sich sehr langsam oder vielmehr zu langsam entwickeln.

3. An dritter Stelle muß vor Leuten gewarnt werden, die sich an dem brausenden Verkehr berauschen, und den Verkehr womöglich für Selbstzweck halten, während er doch nur Diener der Wirtschaft und Kultur ist, und während doch jedes (quantitative oder qualitative) Zuviel an Verkehr ein volkswirtschaftlicher Verlust ist.

4. Dazu kommen noch die Menschen, die die Riesenstädte und in ihnen die Wolkenkratzer als eine große Tat der Kulturvölker ansehen und in ihnen den höchsten Ausdruck der „modernen Kultur" erblicken, die aber die Schäden der Zusammenballungen und den wirtschaftlichen und verkehrstechnischen Wahnsinn der Riesenstädte und Wolkenkratzer nicht zu erkennen vermögen.

Wenn vorstehend fast ausschließlich von Siedlungswesen (und Städtebau) gesprochen worden ist, so kann die Frage aufgeworfen werden, weswegen dann der **Verkehr** mit in den Kreis der Betrachtungen einbezogen werden soll. Dies ist aber deswegen notwendig, weil Siedlung und Verkehr, Siedlungsgeographie und Verkehrsgeographie, Siedlungsgeschichte und Verkehrsgeschichte je eine Einheit bilden, die nicht voneinander getrennt werden können. Jede tiefere Erörterung verkehrsgeographischer Fragen verdichtet sich zu einer Untersuchung, die an

Punkte anschließen muß, denn es sind die Verkehrsbeziehungen zwischen bestimmten Punkten der Erdoberfläche klarzustellen. Die wichtigsten Punkte sind aber die Siedlungen, — „wer den Bahnen folgt, stößt auf Siedlungen", sagt der Geograph.

„In den kleinsten Siedlungen, den Einzelhöfen und kleinen Dörfern fließt der Verkehr am ursprünglichsten zusammen, und zwar von den Feldern, Wiesen, Wäldern, Wasserflächen der unmittelbaren, der Siedlung als wirtschaftliche Grundlage dienenden Umgebung, ohne daß hierfür besondere Verkehrswege, außer unbefestigten Feldwegen, notwendig sind. Erst von der Siedlung ab sind gebahnte Wege erforderlich, der Verkehr dient also der Verbindung der Siedlungen untereinander, die Gesamtmenge aller Siedlungen einer Fläche bildet ein Punktsystem, das durch Verkehrslinien untereinander verknüpft werden muß. In jedem Punkt findet ein Zusammendrängen, Anstauen, Verteilen des Verkehrs statt, das in der kleinen Siedlung meist im Markt, in den großen in den Verkehrsplätzen, Häfen, Bahnhöfen seinen Ausdruck findet. In ihrer technischen Bedeutung und Schwierigkeit und in den Anforderungen, die sie an sorgfältige Platzwahl und Ausgestaltung stellen, sind diese Punkte meist wichtiger als die Verkehrslinien, und zwar um so stärker, je höherwertig das Verkehrsmittel ist. Das Seeschiff läuft bestimmte Punkte (Häfen) an, aber den Weg zwischen ihnen mag es je nach Sturm, Strömung, Eis, Nebel ändern. Auf Reisen sind die Knotenpunkte für uns wichtig, welche Linien aber wir zwischen ihnen, z. B. zwischen Frankfurt und Basel, ob rechts- oder linksrheinisch, benutzen, ist vielen Reisenden gleichgültig. Beim Trassieren der Eisenbahnen ist oft das richtige Aussuchen der für Stationen geeigneten Punkte wichtiger als die Führung der Linie zwischen diesen festgelegten Punkten[1]."

Daher ist auch die Siedlungsgeschichte aller Länder, namentlich der Kolonialländer, aufs engste mit ihrer Verkehrsgeschichte verknüpft: Der Mensch kann ja gar nicht anders, als daß er zunächst — sei er Fußgänger, Schiffer oder Reiter — den ihm von der Natur gewiesenen „natürlichen Verkehrswegen" folgt und sich an ihnen an Punkten niederläßt, die ihm als Händler, Jäger, Hirt, Fischer, Ackerbauer geeignete Voraussetzungen bieten. Und später, wenn er beginnt, gebahnte Wege (Straßen, Eisenbahnen, Kanäle) zu schaffen, bleibt er auch an die natürlichen Verkehrslinien, vor allem an die Talbildungen gebunden. An ihnen entlang entstehen also an ihren

---

[1] Vgl. Archiv für Eisenbahnwesen. 1920. „Betrachtungen zur Verkehrsgeographie".

bevorzugten Punkten die größeren Siedlungen, und zwar um so größere, je stärker der Verkehrsweg ist, d. h. je besser er technisch ausgestattet ist und je mehr er geographisch über eine Art Monopol verfügt.

Werden nun in der Verkehrserschließung eines Landes Fehler gemacht, so werden sich diese auch im Siedlungswesen rächen. Der schlimmste Fehler ist hierbei, daß bei der Erschließung eine überhaupt falsche Richtung eingeschlagen wird, vgl. die Richtung der Spanier zu einseitig nur nach den Tropen und Subtropen, zuerst, weil man dort Edelmetalle zu finden hoffte, später, weil man aus den tropischen Erzeugnissen glaubte, mühelos — d. h. durch Frondienste der Eingeborenen — große Gewinne zu erzielen, vgl. ferner die den Negern schon von 1510 (1517) ab zwangsweise auferlegte Auswanderungsrichtung von Afrika nach Westindien und den Südstaaten, wo sie nun den Weißen so gefährlich werden; auch auf die Germanen könnte man hinweisen, die bis zu den Subtropen Nordafrikas vorstießen und hiermit in ein Klima gerieten, in denen sie zugrunde gehen mußten. — Die großen Gegenbeispiele sind die Richtung der germanischen (angelsächsischen) Kolonisatoren auf die Gebiete Nordamerikas, die der gemäßigten Zone angehören und daher dem Weißen den Ackerbau ermöglichen, und die Richtung der Nordamerikaner nach Westen, also ebenfalls nach Gebieten, in denen Weiße als Ackerbauer und Viehzüchter leben können.

Zwischen dem Siedlungs- und Verkehrswesen Nordamerikas und Europas bestehen starke **Unterschiede** geographischer und geschichtlicher Art, und zwar fast ausschließlich zum Nachteil Amerikas. Hierüber sei kurz angedeutet:

Vom **geographischen** Standpunkt besteht der Hauptunterschied darin, daß

Europa typisch der Kontinent der **kleinen** Räume,

Nordamerika dagegen der Kontinent der **großen** Räume ist.

In Europa ist daher für Völker- und Staatenbildung, Wirtschaft und Verkehr vieles auf **De**zentralisation eingestellt, in Nordamerika dagegen auf **Kon**zentration.

Europa ist durch das **Meer** aufs stärkste zergliedert, Nordamerika ist (in dem hier maßgebenden Teil) eine kompakte Landmasse. Für Europa ist außerdem „sein“ ganzes Meer (Atlantischer Ozean, Nord- und Ostsee, Mittelmeer) voll wirksam, für Nordamerika scheidet dagegen der Stille Ozean für die Kolonisation wegen seiner Lage und das nördliche Meer wegen seiner Kälte aus, und die Bedeutung der südlichen Meeresteile ist durch die Wärme und die wenigen guten Häfen stark herabgesetzt. Es bleibt für Nordamerika eigentlich nur der Atlantische Ozean von der Mündung des St. Lorenzstroms bis Kap Hatteras (rd. 1600 km).

Europa wird durch starke **Binnengrenzen** (Kammgebirge) unterteilt, die zwar heute durch die neuzeitliche Verkehrstechnik überwunden sind, aber früher für die Völker- und Staatenbildung stark trennend, also dezentralisierend gewirkt haben (und die Bildung der Nationalstaaten teilweise stark verzögert haben). Amerika weist dagegen große einheitliche Räume auf, in denen konzentrierende Kräfte wirksam sind.

Europa hat ein die Dezentralisation begünstigendes, gleichmäßigeres und für seine maßgebenden Völker größtenteils ozeanisches **Klima;** der Weiße kann in Europa (fast) überall als Ackerbauer (und Viehzüchter) leben. Es verfügt über eine Fülle von guten, eisfreien Häfen, durch die die Waren- und Menschenströme aufgeteilt werden. In Nordamerika begünstigt das Klima dagegen die Konzentration, weil es den Lebensraum für den Weißen einschränkt. In großen Teilen des Landes wird durch die Kälte, in andern durch die Wärme das Wirtschaftsleben gelähmt; der Weiße kann in weiten Gebieten des Landes nur eine dünne Oberschicht (als Kaufmann, Plantagenbesitzer oder Industrieller) bilden; und auch die nördlicheren Ackerbaugebiete sind für die Besiedlung insofern ungünstig, als die Winter so hart und lang sind, daß viele weiße Bauern sie körperlich und seelisch nicht ertragen, also ihr Land nicht als dauernden Besitz der Familie ansehen, sondern immer für sich oder wenigstens für ihre Kinder die Sehnsucht nach einem sonnigen Süden im Herzen tragen.

Auch viele gute Häfen verlieren durch das Klima stark an Bedeutung, während einige wenige über Gebühr begünstigt sind.

Insgesamt sind die geographischen Grundlagen derart, daß für die erste **Kolonisierung** dieser ungeheuren Räume durch die (Nord-)Europäer nur der vergleichsweise kleine Küstensaum von Boston bis Norfolk (rd. 800 km lang) zur Verfügung stand; hier mußte sich also zunächst alles zusammenballen; und aus diesem „Aufmarschgebiet" führen nur wenige gute Wege in das Landinnere und von diesen ist wieder einer, die Hudson-Mohawk-Senke, ganz besonders begünstigt, so daß an ihrer Mündung eine besonders starke Konzentration eintreten mußte.

Auch die Verteilung der **Bodenschätze** hat in Nordamerika anfänglich konzentrierend gewirkt, weil die großen Kohlen- (und Öl-)Felder des appalachischen Gebiets vergleichsweise dicht an den obengenannten Küstensaum anschließen und daher die Einwanderer im Osten und zwar als Industriearbeiter festgehalten, den Vormarsch nach Westen in Ackerbaugebiete dagegen verzögert haben.

Die Aufteilung Europas in viele kleine Räume hat allerdings die Kleinstaaterei begünstigt, und diese hat durch Auftürmen der Zollgrenzen die gegenwärtige Weltkrise stark verschärft. So sehr man diese böse Erscheinung kritisieren muß, darf man im Vergleich zu Nordamerika doch darauf hinweisen, daß das Fehlen aller Zollgrenzen sich in diesem ungeheuer großen und klimatisch so unterschiedlichen Reich für einzelne Gebiete (z. B. Neuengland, s. u.) ungünstig ausgewirkt hat. Das klingt höchst ketzerisch und wird bei manchem „Weltwirtschaftler" ein mitleidiges Lächeln hervorheben. Er möge aber einmal darüber nachdenken, welche Zustände wir in Europa haben würden, wenn es hier gar keine Zollgrenzen gäbe. Gäbe es dann z. B. noch Bauern in Deutschland?

Die vorstehenden Ausführungen mögen vom allgemeinen Standpunkt teilweise anfechtbar sein; wir haben aber hier alles unter dem Gesichtspunkt der Erschließung durch Weiße (Nordeuropäer) zu betrachten.

Vom **geschichtlichen** Standpunkt besteht der Hauptunterschied darin, daß

Europa sich mit seinen Völkern und Staaten von **innen** heraus und zwar langsam entwickelt hat, während

Nordamerika von **außen** her und zwar überschnell entwickelt worden ist.

Die Völker Europas sind — im Anschluß an die Völkerwanderungen — in ihrem eigenen Land gewachsen und sind hier langsam und den geographischen Gegebenheiten entsprechend harmonisch ausgereift. Sie waren in der Hauptsache immer Bauern, wohnten daher über das ganze Land verteilt und sind mit der heiligen Mutter Erde verwurzelt. Sie sind mit wenigen Ausnahmen aus dem Landesinnern an das Meer gekommen. Nordamerika ist dagegen — unter fast vollständiger Vernichtung der einheimischen Bevölkerung — durch von außen kommende Kolonisatoren erschlossen worden; viele von diesen waren nicht Bauern und wollten es auch in dem neuen Land nicht werden; sie waren Fischer, Jäger, Händler, auch Feudalherren; viele betrachteten das Land nicht als eine neue Heimat, sondern als Ausbeutungsobjekt; sie blieben daher an der Küste sitzen, wenn sich das mit ihrem Geschäftszweck vertrug. Aber auch die wirklichen Siedler, die Ackerbauer waren und bleiben wollten, fanden in den ersten Zeiten Raum genug im Küstengebiet.

Von den Kolonisatoren haben sich entsprechend den Rassen, denen sie entstammten, und dem Klima, in das sie kamen, im wesentlichen nur die germanischen halten und vermehren können. Da hierdurch der spanische Süden ausfiel, schrumpfte das „Aufmarschgebiet“ für die weitere Kolonisation auf den oben erwähnten kleinen Küstensaum zusammen.

Es sind dann noch bei der Siedlungs**form** Fehler gemacht worden, indem die günstigste Form, das Dorf, vernachlässigt wurde, während die beiden für das Siedlungswesen ungünstigen Extreme, der Einzelhof (die Farm) und die Großstadt über Gebühr bevorzugt wurden.

Weitere schwere Fehler sind außerdem in der **Verkehrs**erschließung und zwar in der Entwicklung des Eisenbahnnetzes gemacht worden, da es eine staatliche Verkehrspolitik, die auf die harmonische Entwicklung des gesamten Landes gerichtet war, nicht gab.

In unseren Ausführungen kommt manche harte Kritik zum Ausdruck. Wer Amerika nicht kennt, kann darin eine Unfreundlichkeit erblicken und sogar den Vorwurf erheben, daß dies vom außenpolitischen Standpunkt unklug sei. Demgegenüber sei betont, daß hochstehende Amerikaner, die ihr Land und Volk wirklich lieb haben und daher mit größter Sorge in die Zukunft schauen, an den Zuständen noch viel schärfere Kritik üben. Wer dies nicht glaubt, lese das Buch des jetzigen Präsidenten Roosevelt „Looking forward“.

Bei der Gliederung unserer Untersuchungen in einen geographischen und einen geschichtlichen Hauptteil ließen sich gelegentlich Wiederholungen nicht vermeiden. Dies mag für den Teil der Leser störend sein, die die Abhandlung ohne Unterbrechung lesen. Es ist aber für den Teil der Leser zweckmäßig, die sie abschnittsweise mit größeren Zeitabständen lesen.

Schrifttum.

So groß das Schrifttum über Nordamerika ist, so sind doch die hier erörterten Probleme — soweit ich dies ermitteln konnte — noch nicht im Zusammenhang erörtert worden, man ist vielmehr auf Werke angewiesen, die immer nur die eine Seite (die geographischen Verhältnisse, die Geschichte, das Eisenbahnwesen, die wirtschaftlichen Verhältnisse usw.) darstellen. Die Werke über wirtschaftliche und städtebauliche Fragen sind fast durchweg zu optimistisch, teilweise gradezu überschwänglich, da sie nur den äußerlich großartigen Aufstieg darstellen, die inneren Schwächen aber nicht erkennen.

Ausgehen muß man natürlich von den geographischen Werken. Als solche seien besonders genannt:

Emil Deckert, Nordamerika. Vierte Auflage. Bearbeitet von Prof. Dr. Machatschek. Bibliograph. Institut Leipzig 1924.

Dr. Oskar Schmieder. Länderkunde Nordamerikas. Verlag Franz Deuticke. Leipzig und Wien 1933.

In diesem ausgezeichneten Werk wird auch die Geschichte der Besiedlung, Wirtschaft und Verkehrserschließung eingehend dargestellt.

Einen guten Überblick über die (politische und wirtschaftliche) Geschichte gibt die „Weltgeschichte“ von Dr. Hans F. Helmolt, Band I. Bibliograph. Institut Leipzig 1899.

Das Schrifttum über Eisenbahnwesen ist in

Röll's Enzyklopädie nachgewiesen. Zu nennen sind vor allem:

Die Werke **v. d. Leyen's**, namentlich „Die nordamerikanischen Eisenbahnen“. Verlag Veit & Co. 1885.

v. Gerstner. Die inneren Communicationen der Vereinigten Staaten. Foerster, Wien 1843.

Schlagnitweit. Die Pazifik - Eisenbahn. Verlag E. H. Mayer. Köln und Leipzig 1870.

Parseval, Die amerikanischen Eisenbahnen, Verlag Haude & Spener, Berlin 1886, — gibt über die Finanzverhältnisse Auskunft. Zweite Auflage 1892.

Pirath. Mehrere Aufsätze in der Verk. Woche, von 1932 ab.

Von hohem Reiz ist es außerdem, die Entwicklung Nordamerikas in alten Kartenwerken zu studieren.

I. Die geographischen Grundlagen.

Von den für das Siedlungswesen und die Verkehrsentwicklung maßgebenden geographischen Gegebenheiten sind für Nordamerika die wichtigsten:

A. das Klima und die aus ihm sich ergebenden Wirtschaftsprovinzen,

B. die Küstengliederung und die Seehäfen,

C. die beiden „maßgebenden Räume“, nämlich:

1. das Aufmarschgebiet der angelsächsischen Kolonisation und
2. die große durchgehende Senke Mississippi—St. Lorenz-Strom.

Weitere Grundlagen brauchen in diesem Fall nicht besonders erörtert zu werden. Die für Siedlung, Wirtschaft und Verkehr so wichtige Verteilung der Bodenschätze kann in anderen Zusammenhängen mitbehandelt werden, die Bedeutung der Binnenwasserstraßen und der Binnengrenzen (Gebirge) wird bei der Besprechung der Verkehrsentwicklung gewürdigt werden.

Es ist zweckmäßig, die Erörterung des Klimas vorwegzunehmen, weil auch bei den anderen Grundlagen das Klima eine besonders wichtige Rolle spielt.

A. Das Klima und die landwirtschaftlichen Provinzen.

Nordamerika hat ein ausgesprochenes Klima der Extreme. Dies ist für Siedlung und Verkehr ungünstig, namentlich im Vergleich zu Westeuropa, das durch sein *gleichmäßiges* Klima begünstigt ist.

Nordamerika wird von *Norden* her durch die dort liegenden sehr *kalten* Meeresräume *durchkältet*, von *Süden* her durch die dortigen *warmen* Meeresräume *erwärmt*, und da Gebirgskämme

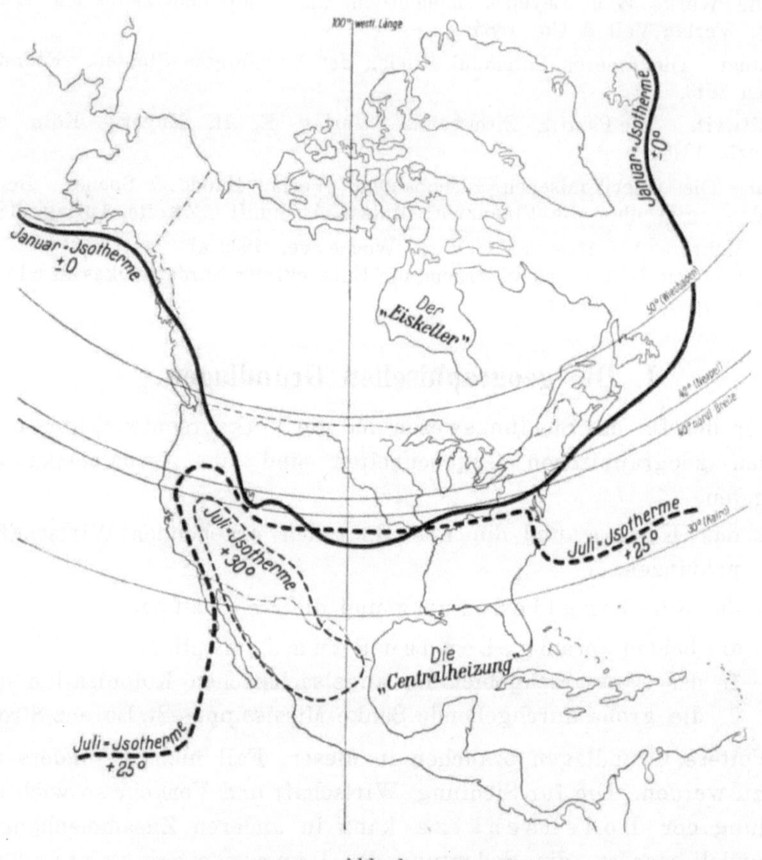

Abb. 1.
Die Klima-Extreme Nordamerikas.

west-östlicher Richtung, die als Klimascheiden wirken könnten, fehlen — die Appalachen kommen hierfür nicht in Betracht —, so sind die *Temperaturunterschiede* absolut *groß* und *zeitlich* oft sehr schroff. Wie stark die Extreme sind, ist aus Abb. 1 zu entnehmen, in der die *Januar*-Isotherme **± 0 °** und die *Juli*-Isotherme **+ 25 °** dargestellt sind; die Abb. 2 zeigt auch die Unterschiede gegenüber dem viel gleichmäßigeren Europa.

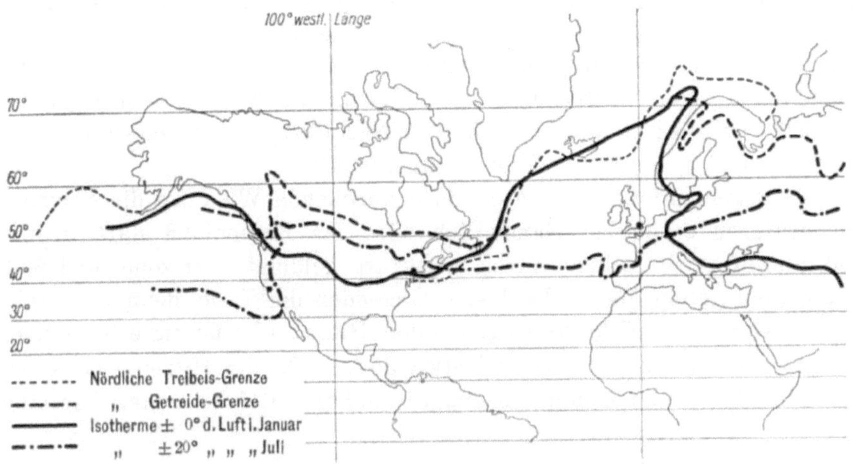

Abb. 2.
Die Klima-Extreme Nordamerikas im Vergleich zu Europa.

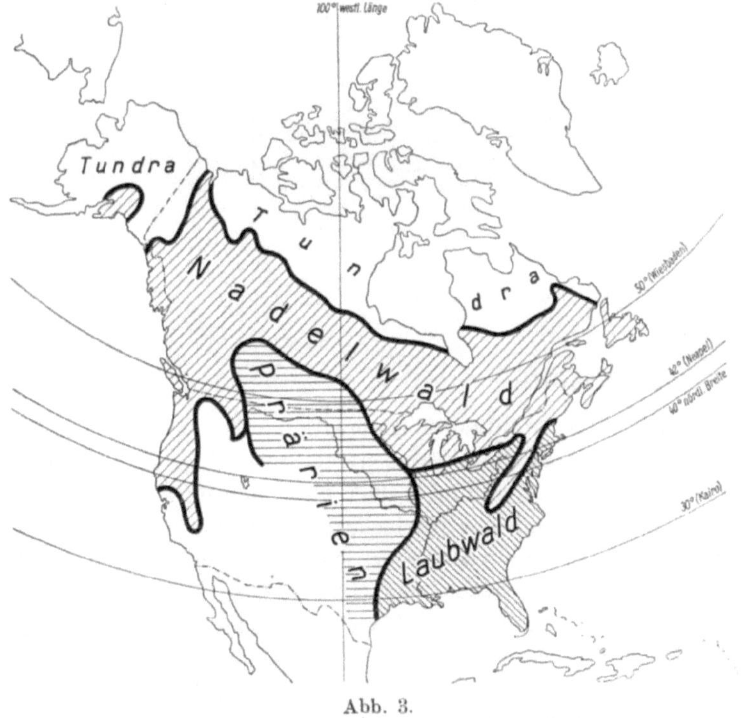

Abb. 3.
Verteilung von Nadelwald, Laubwald und Prärien.

Die von Norden vordringende Kälte drückt nach Abb. 3 die nördliche Grenze des Waldes und des Ackerbaus stark nach Süden herab, sie erschwert die Besiedlung im Norden in Breiten, die in Europa für hochwertigen Ackerbau voll geeignet sind und daher dichteste Besiedlung aufweisen, sie bedroht ferner durch Kälteeinbrüche, späte Frühjahrsfröste und frühe Herbstfröste die Kulturen bis weit nach dem Süden, ist doch sogar Florida noch nicht von Nachtfrösten frei, obwohl es mit seiner Südspitze bis in die Tropen hineinreicht.

Dagegen erhöht die von S ü d e n kommende W ä r m e die Sommertemperaturen erheblich. Namentlich wird das Binnenland stark erhitzt und hierdurch in seiner Wirtschaftskraft gelähmt. Arizona und Südkalifornien gelten als die heißesten Gegenden der Erde, denn ihre Juli-Mittel liegen über 37 °; das wegen seiner Hitze so berüchtigte Rote Meer bringt es (in Massaua) nur auf etwa 35 °. Da die Hitzeperioden mit mehr als 32 ° oft lang anhalten und von hoher Luftfeuchtigkeit begleitet

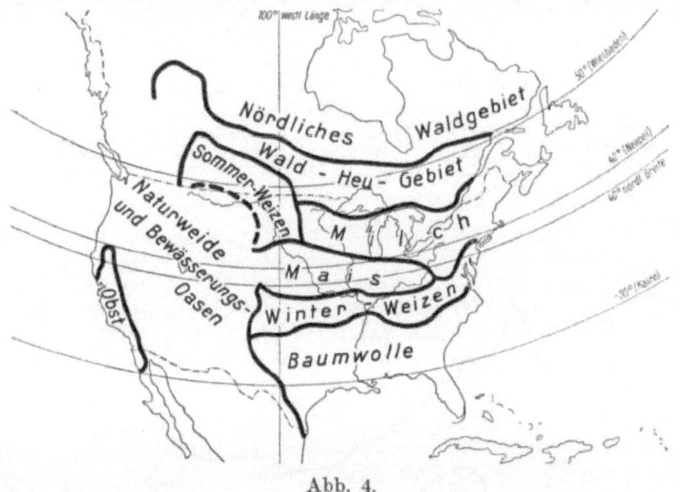

Abb. 4.
Die wichtigsten Landwirtschaftszonen Nordamerikas.

sind, wird die Arbeitsfähigkeit, namentlich der weißen Bevölkerung, herabgesetzt. Die südliche Wärme öffnet zwar die sog. Südstaaten dem Anbau von B a u m w o l l e und Tabak und anderen subtropischen Nutzpflanzen und gibt hiermit der Wirtschaft große Chancen, aber diese Wirtschaft ist sehr einseitig und daher wenig krisenfest, und sie ist nur möglich als Plantagenwirtschaft mit f a r b i g e n Arbeitern.

Auch die Verteilung der N i e d e r s c h l ä g e ist sehr ungleich. Der Osten ist im allgemeinen so mit ihnen gesegnet, daß Ackerbau überall möglich ist. Aber der 100. L ä n g e n g r a d westlicher Länge bedeutet hier eine scharfe Grenze; von ihm ab werden die Niederschläge so gering, daß Ackerbau vielfach nur bei künstlicher Bewässerung möglich ist.

Einen Überblick darüber, welche wichtigsten L a n d w i r t s c h a f t s z o n e n sich aus dem Klima ergeben, gewährt Abb. 4.

Für die Besiedlung kann man aus dem Klima ableiten: der W e i ß e kann als Bauer (Viehzüchter und Schwerarbeiter) nur n ö r d l i c h der B a u m w o l l grenze leben; er findet hier gemäß der Temperatur günstige Bedingungen bis durchschnittlich zum 50. Grad nördlicher Breite, auf dem in Europa Wiesbaden liegt, und er findet gemäß den Niederschlägen (und weiterhin gemäß dem Höhenaufbau) günstige Lebensbedingungen bis zum 100. Grad westlicher Länge, da an diesem die Trockengebiete

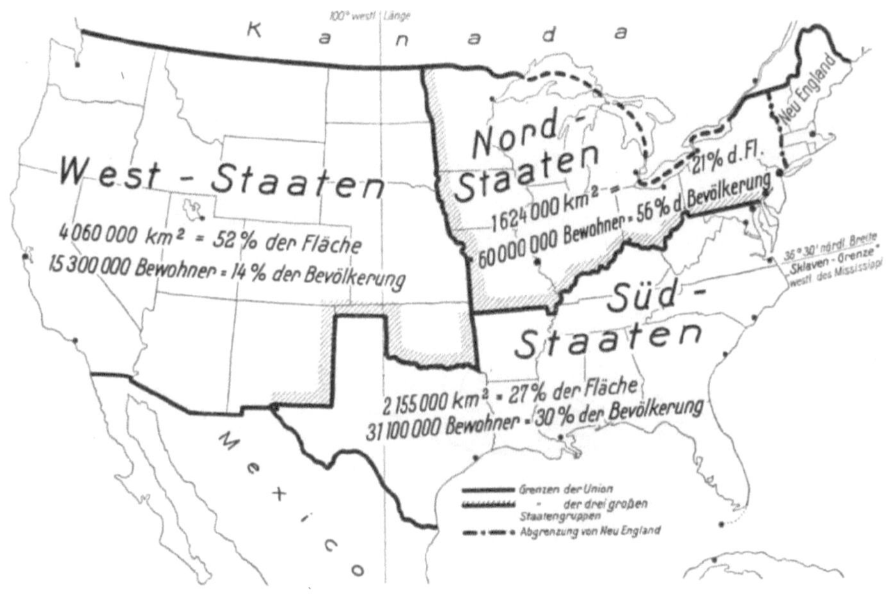

Abb. 5.
Gliederung in Nord-, Süd- und West-Staaten mit Angabe der Flächen- und Bevölkerungsgröße.

beginnen. Diesem für die weiße Rasse wichtigsten Lebensraum Nordamerikas entspricht von der Atlantischen Küste die Strecke von der Mündung des St. Lorenz-Stroms (Quebec) bis zum Südende der Chesapeake-Bai (Norfolk). Dieser Küstenstreifen ist also für die Beziehungen zu Europa, für die Besiedlung und für die Verkehrserschließung am wichtigsten, sein nördlicher Teil hat aber stark unter Eis und Nebel zu leiden (s. u.).

Wie sich Amerika unter dem Einfluß des Klimas und der Besiedlungsgeschichte in Nord-, Süd- und West-Staaten gliedert, ist aus Abb. 5 zu entnehmen.

Um die Bedeutung der von Norden vorstoßenden Kälte noch mehr hervorzuheben, sind in Abb. 6 noch dargestellt:

die heutigen Januar-Isothermen von ± 0 und + 15 °

und die südlichen Begrenzungen der früheren nördlichen Vereisungen.

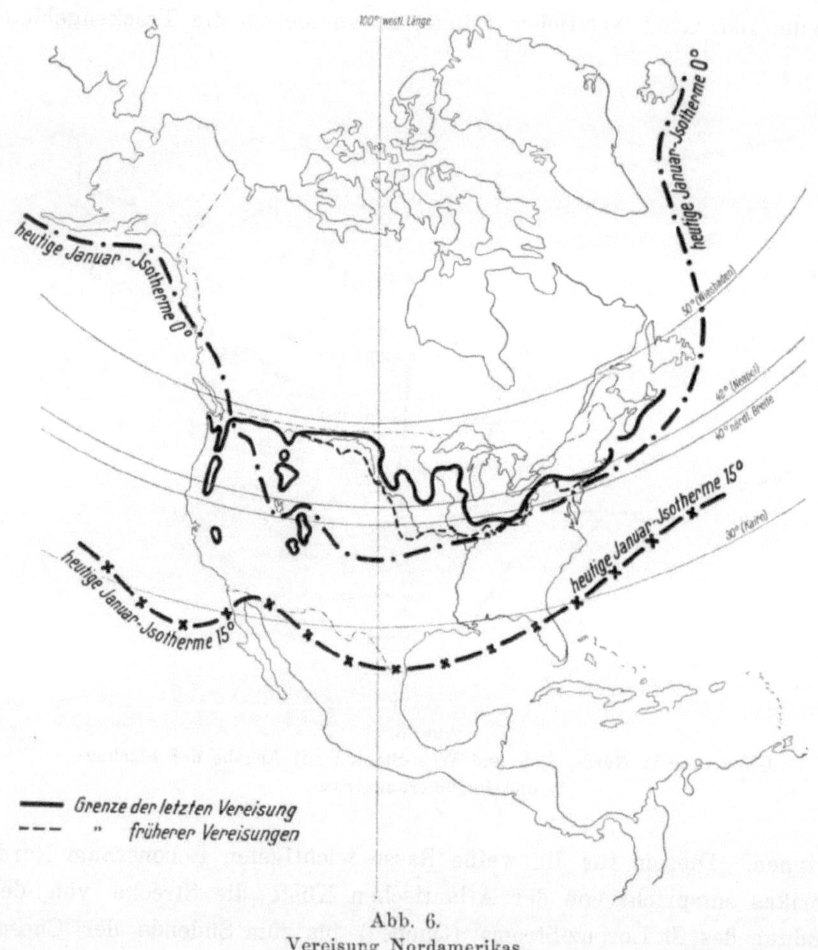

Abb. 6.
Vereisung Nordamerikas.

Die früheren Vereisungen spielen allerdings heute für das Klima und damit für die Gesamtgliederung der Landwirtschaftszonen keine Rolle mehr, sie sind aber für Einzelheiten (gute und schlechte Böden) und auch für die Einzelheiten der Stadtlagen und der Linienführung der Verkehrswege wichtig. Von besonderer Bedeutung sind sie aber für die Binnengewässer und deren Verkehrswert:

Soweit die Eisbedeckung reichte, sind die Flüsse „Seenströme“, gekennzeichnet durch die zahlreichen Seen und die vielen Stromschnellen, ferner teilweise durch sehr niedrige Wasserscheiden. Die Seen und die niedrigen Wasserscheiden sind dem Verkehr natürlich günstig, die Stromschnellen ungünstig. Diese Eigenart hat schon die Indianer vor der europäischen Einwanderung veranlaßt, eine besondere Verkehrstechnik zu entwickeln, mit der sich weite Strecken verhältnismäßig gut zurücklegen ließen: Sie bildeten nämlich das leichte (Birkenrinden-)Kanu aus, das sich über die niedrigen Wasserscheiden und an den Stromschnellen vorbei unschwer tragen läßt, vgl. das auf ähnlicher Technik beruhende Vordringen der „Ruderleute“ aus Schweden nach Rußland. Das Kanu der Eingeborenen hat den großen Forschern Mackenzie und La Salle ihre kühnen Vorstöße ermöglicht, und auch heute noch ist das leichte Boot das wichtigste Verkehrsmittel im nördlichen Canada. Leider ist ein großer Teil der nördlichen Seen so viele Monate durch Eis blockiert, daß ihre Verkehrsbedeutung sehr gering ist, ungeheuer ist aber — trotz winterlicher Verkehrsperre — die Verkehrsbedeutung der fünf großen Seen.

Die niedrigen Wasserscheiden sind zum Teil darauf zurückzuführen, daß beim Rückzug des Eises Stauseen entstanden, die ihre Ausdehnung, Gestalt und Abflußrichtung änderten. In früheren Zeiten hatten z. B. der damalige Michigansee seinen Abfluß durch den Illinois-Fluß zum Mississippi, der Ontariosee seinen Abfluß durch den Wabash-Fluß zum Ohio. Dann „zerriß“ der Wabash (beim heutigen Ft. Wayne), und die Wasser flossen (vom Erisee) durch den Susquehana zum Atlantischen Ozean; die sehr flächenhafte Wasserscheide erleichterte aber den Bau des Wabash-Erie-Kanals. Später entwässerte das Seengebiet durch die Mohawk-Hudson-Senke zum Atlantischen Ozean, vgl. die niedrige Wasserscheide bei Rome, durch die der Erie-Kanal und die New York Central-Eisenbahn geführt worden sind. Auch die Hudson-Champlain-Senke mit dem heutigen Champlain-Kanal hat eine entsprechend niedrige Wasserscheide. Die Niagara-Schlucht mit den Niagarafällen ist erst nach dem vollständigen Rückzug des Eises entstanden, der Höhenunterschied zwischen dem Erie- und Ontario-See beträgt 100 m, der der Fälle 49 m. Daß es sich hier um eine ganz junge geologische Erscheinung handelt, ist daran zu erkennen, daß sich die Fälle jährlich um 1,37 m zurückverlegen (s. u.). Der Höhenunterschied zwischen dem Ontario- und Erie-See hat für die Besiedlung natürlich sehr lähmend gewirkt, in den Kämpfen gegen die Indianer war er mehrfach geradezu verhängnisvoll (z. B. bei der Belagerung Detroits durch Pontiac).

Die Flüsse Nordamerikas, die außerhalb des früher vereisten Gebiets lagen, zeigen dagegen einen von Seen und teilweise auch von Stromschnellen freien Lauf. Sie sind wegen ihrer Ausgeglichenheit dem Verkehr (bei geringen Ansprüchen) günstig und haben der Besiedlung vielfach die Wege gewiesen. Auf die besonderen Verhältnisse der von den Appalachen kommenden Flüsse und ihre auf der „Fall-Linie" liegenden Stromschnellen wird noch zurückgekommen werden[1].

B. Die Küstengliederung und die Seehäfen.

Wie bei allen Kolonialländern, spielt auch bei Nordamerika für seine Erschließung und Besiedlung die Küstenentwicklung und die Zahl und Güte der Häfen eine große Rolle. Nordamerika ist nun in der Küstenentwicklung von der Natur scheinbar sehr gut bedacht. Die entsprechenden Zahlen hierfür im Vergleich zu denen der anderen Kontinente hier mitzuteilen, hat aber wenig Wert, denn diese Zahlengrößen sind an und für sich reichlich theoretisch, für Nordamerika aber würden sie ein völlig unzutreffendes, nämlich viel zu günstiges Bild ergeben. Der Schwerpunkt der Küstengliederung Nordamerikas liegt nämlich in dem für Verkehr, Wirtschaft und Siedlung fast wertlosen arktischen Gebiet. Die Inseln Nordamerikas machen z. B. 17,4 % der gesamten Landmasse, seine Halbinseln 10 % aus, aber von der Gesamtfläche der Inseln liegen 90 %, von der der Halbinseln 85 % in der Arktis. Die starke Gliederung im hohen Norden ist sogar insofern schädlich, als die (übrigens sehr flache) Hudsonbai nur von Mitte Juli bis Ende Oktober offen ist und durch ihre großen Eismassen einen regelrechten Kältespeicher — den „Eiskeller". — darstellt, der die Sommerwärme des nördlichen Nordamerika stark herabsetzt. Sieht man aber von der starken Gliederung im hohen Norden ab, so hat Nordamerika nur drei größere Halbinseln: Neu-Schottland, Florida und Kalifor-

---

[1] Allgemein sei zum Verständnis der klimatischen Verhältnisse Nordamerikas im Vergleich zu Europa, noch angedeutet: der Osten (und auch die Mitte) Nordamerikas hat im Verhältnis zu seiner Breitenlage ein „normales" Klima, Westeuropa dagegen (infolge des Golfstroms) ein anormal günstiges Klima. Man merke sich die auf den gleichen Breitegraden liegenden Städte und stelle sich die Unterschiede in der Strenge der Winter vor Augen:

50° nördlicher Breite Winnipeg — Nürnberg.
42° „ „ New York — Neapel.
30° „ „ New Orleans — Kairo.

Ferner behalte man im Auge, daß der Längengrad 100° westl. Länge die östlichen genügend beregneten von den westlichen trockenen Gebieten scheidet.

n i e n, die aber durch Lage und Klima benachteiligt sind und daher in der Verkehrsgeschichte keine große Rolle gespielt haben. Von den zwei großen Inseln liegt N e u - F u n d l a n d zu sehr unter dem Einfluß der kalten Meeresströmungen, während die Bedeutung V a n c o u v e r s nicht in der Insel selbst, sondern in der hinter ihr liegenden Bucht liegt.

Von den B u c h t e n sind die g r o ß e n weniger bedeutungsvoll als die kleinen. Der Golf von Kalifornien hat auch heute noch keinen größeren Verkehr. Der S t. L o r e n z - Golf ist allerdings eine der wichtigsten Eingangspforten, namentlich für die hier als erste Kolonisatoren auftretenden Franzosen, gewesen, und der sich an ihn anschließende St. Lorenz-Strom ist eine Hochstraße des nordamerikanischen Verkehrs. Der Golf verfügt auch über zahlreiche gute Häfen, aber er leidet zu stark unter seiner weit nördlichen Lage und daher unter Nebel, Treibeis und Küsteneisbildung, so daß die Schiffahrt praktisch nur von Mai bis November ausgeübt wird. Dagegen spielen für Nordamerika die k l e i n e n Buchten die Hauptrolle, denn in ihnen liegen die g u t e n H ä f e n.

Hiermit sind wir zu der für die Erschließung der Länder vom Meer aus wichtigsten Erscheinung gekommen, nämlich zu dem „g u t e n S e e - h a f e n".

Es ist für jedes Land von größerer Bedeutung, daß es über e i n i g e w i r k l i c h g u t e Seehäfen verfügt, als daß es eine starke Küstengliederung mit zahllosen mittelmäßigen Häfen aufweist. Am ungünstigsten ist in dieser Beziehung Vorderindien gestellt, das nicht einen einzigen wirklich guten natürlichen Hafen besitzt. An einen „w i r k l i c h g u t e n" Hafen sind nun außer der Sicherheit folgende Bedingungen zu stellen:

a) Lage am offenen Ozean, nicht an einem Binnenmeer,
b) ausreichende Wassertiefe,
c) Freiheit von Eis und Nebel,
d) Lage an der Mündung eines ausgedehnten Flußsystems mit entsprechend großen Tiefebenen.

Stellt man diese Bedingungen und prüft man nun die Küsten- und Hafenverhältnisse Nordamerikas im Nordosten beginnend durch, so muß man die vielen guten Häfen der Ingressionsküste von N e u e n g l a n d eigentlich ausscheiden, weil sie die Bedingungen c und d nicht erfüllen. Gleichwohl haben sie in der Besiedlungsgeschichte eine große Rolle gespielt, denn hier sind die Angelsachsen in der ersten Zeit der Kolonisation gelandet und haben von ihnen aus die Neuengland-Staaten gegründet, die auch heute noch als Hochsitze des reinen Angelsachsentums in der Wirtschaft, Politik und Kultur der Vereinigten Staaten eine so große Rolle spielen; der Freiheitskampf hat bekanntlich von Boston aus seinen Ausgang genommen. Von Bedeutung ist in diesem Gebiet für die Küstenbildung, daß sich vor der Küste (als Teile untergetauchten Landes) die untermeerischen Fischereibänke erstrecken, deren ungeheurer Fischreichtum von den ersten Zeiten der Kolonisation an eine so große Rolle gespielt hat.

Aber die ganze Küste leidet zu sehr unter den ungünstigen Schifffahrtverhältnissen, denn das Treibeis geht an der Küste entlang bis etwa zum 42. Grad hinunter, und hier liegen außerdem am Zusammentreffen der warmen mit der kalten Meeresströmung die berüchtigten Nebelbänke[1].

Erst dort, wo der Nebel und das Eis nicht mehr so zu fürchten sind, kann die Seeschiffahrt das ganze Jahr hindurch mit ausreichender Sicherheit, Regelmäßigkeit und Pünktlichkeit betrieben werden, und das ist erst von New York ab der Fall. Und nun bietet sich gerade von dieser Stelle ab dem Seefahrer eine Reihe von Buchten, die treffliche Häfen enthalten. Wir können dies aber als bekannt voraussetzen und brauchen nur auf die Namen New York, Philadelphia und Baltimore als die großen See- und Handelstädte, Industrie- und Eisenbahnzentren der Union hinzuweisen, auf die wir nebst ihrem Hinterland noch genau eingehen müssen.

Die günstigen Verhältnisse hören aber bei Kap Hatteras auf. Die flache Küste ist hier von den Anschwemmungen, Strömungen und Winden aufgebaut, langgestreckte Nehrungen schließen die Haffe ab, die schneller Aussüßung und Auffüllung anheimfallen, die wenigen Verbindungen mit dem Meer, die Inlets, sind flach und gefährlich. Leidliche Häfen haben sich nur in Wilmington, Charleston, bei Savannah und in Brunswick schaffen lassen. Noch ungünstiger wird die Ostküste von Florida, da hier die Nehrungs- und Dünenkette fast ganz geschlossen ist und die von den Sturmfluten gerissenen Inlets sich schnell wieder schließen, diese ganze Strecke kommt daher nur für beschränkte Küstenschiffahrt in Betracht. — Das ganze Gebiet von Kap Hatteras bis zur Südspitze von Florida ist außerdem durch die berüchtigten westindischen Orkane gefährdet. — Der vor der Südspitze Floridas liegende Kriegshafen Key West spielt trotz seiner hohen politischen Bedeutung

[1] Neufundland ist berühmt und berüchtigt, und zwar auf Grund derselben geographischen Erscheinung: Das Zusammentreffen der kalten nördlichen und der südlichen warmen Meeresströmung erzeugt einerseits den Fischreichtum, andrerseits die Nebelbänke.

für unsere Untersuchungen keine Rolle. Er ist aber für den Eisenbahnfachmann beachtenswert, denn die Eisenbahn nach Key West führt über die 320 km lange Kette der Key-Inseln. Allerdings sind die Wasser zwischen den Inseln sehr seicht (Höchsttiefe 9 m), so daß man die Bahn größtenteils auf Dämmen führen konnte und nur (!) 36 Brücken mit nur (!) 130 km Gesamtlänge bauen mußte. Das Gegenstück hierzu ist die Überbrückung der Palkstraße zwischen Vorderindien und Ceylon mit Hilfe der Inselkette der Adamsbrücke.

Auch die Küste des Golfs von Mexiko ist auf ihrer ganzen zur Union gehörigen Länge für die Schiffahrt ungünstig. Der großen Tiefebene, mit der sich hier die Südstaaten und das Mississippibecken zum Meer öffnen, ist nämlich (fast) durchgehend eine breite Zone von Flachsee vorgelagert, so daß hauptsächlich lange Nehrungen mit niedrigen Dünen die Küste bilden, und gute Naturhäfen fast ganz fehlen. Auch die durch Landsenkungen, Brandung und Sturmfluten bewirkte Zertrümmerung der Westküste von Florida darf über die Hafenarmut nicht hinwegtäuschen. Der einzige gute Naturhafen findet sich in der Pensacolabucht, es ist hier aber (infolge anderer lähmender Einflüsse) kein großer Verkehrspunkt entstanden. Wo die Nehrungen durch enge „Pässe“ durchbrochen sind, haben sich mit hohem Kostenaufwand Häfen schaffen lassen, die den Anforderungen der dortigen Wirtschaft entsprechen, so namentlich in Galveston. Das Handels- und Verkehrszentrum des unteren Mississippigebiets, New Orleans, der Stapelplatz für das größte Landbaugebiet der Welt, nimmt unter den Handelstädten der Vereinigten Staaten den dritten Rang ein, sein Hafen ist aber infolge der Hochwasser und Stürme, des ungünstigen Baugrunds und der Versumpfungen sehr ungünstig. Die Ausfuhr besteht vornehmlich aus Baumwolle, Zucker, Reis, Mais, Holz, Fleisch und Wolle, die Einfuhr aus Südfrüchten (Bananen).

Die Westküste Nordamerikas ist für unsere Untersuchungen ziemlich belanglos, denn sie ist nicht Ausgangsgebiet für die Besiedlung vom Meer in das Landesinnere hinein, also nach Osten, sondern Ziel der vom Osten her vorgetriebenen Eisenbahnen und der diesen folgenden Besiedlung. Zudem ist das Vordringen in das Landesinnere auf die ganze Länge der Küste durch die Gebirge, ferner durch die Steppen und Wüsten erschwert. Die Bedeutung der Westküste für die amerikanische Besiedlung ist aber durch den Panamakanal gesteigert worden, denn dessen Hauptbedeutung für die friedliche Wirtschaft liegt ja darin, daß er den „Fernen Westen“ dem Osten näherbringt. — Die gelbe Rasse denkt natürlich über die Bedeutung der Westküste

Nordamerikas ganz anders als die weiße! Der wichtigste Punkt ist San Francisco, an der wundervollen, der Schiffahrt äußerst günstigen Bucht gelegen. Von den Spaniern gegründet, stieg die Stadt zuerst, nämlich von 1848 an durch die Goldfunde, später durch ihre Verkehrslage auf. Ihre Lebenskraft hat sie namentlich in den Erdbeben von 1906 bewiesen; der spanische Einschlag ist im Süden der Stadt noch zu spüren.

Außerdem sind für die Westküste die Häfen bei Vancouver zu nennen.

Überblickt man die Gesamtküsten der Vereinigten Staaten und ihre Häfen im Zusammenhang, so ergibt sich, daß

von diesen ungeheuren Längen der Küsten als für den **Verkehr** und die Besiedlung **wertvoll,** recht **wenig** übrig bleibt,

denn als wirklich gut kann man nur das kurze Stück von New York bis Norfolk bezeichnen, das sind also nur rd. 500 km oder nur 20 % der 2500 km langen, unmittelbaren atlantischen Küste, oder nur 8 % der rd. 5600 km langen Gesamtküsten der Vereinigten Staaten.

Man vergleiche damit, wie lang die verkehrstechnisch wertvollen Küsten Europas sind. Die 500 km lange amerikanische Küste New York—Norfolk entspricht in Europa etwa den Küstenlängen:

von London bis Edinburg,
„ Brest bis Calais,
„ Ostende bis Cuxhaven,
„ Lübeck bis Danzig,
„ Genua bis Neapel,

und wenn auch manche dieser Küstenstrecken nur über wenige gute Naturhäfen verfügt, so ergibt sich doch, daß jeder für den Weltverkehr maßgebende — räumlich ach so kleine! — Staat Europas über mehr als das Doppelte an wirklich guter Küstenlänge als die — räumlich so großen — Vereinigten Staaten verfügt.

Nun kann man gegen diese zahlenmäßige Betrachtungen allerdings zwei wichtige Einwände machen:

1. Man kann nämlich einwenden, daß der Begriff „wirklich gut“ reichlich unklar ist, und daß daher andere Küstenstrecken, die zwar nicht allen Anforderungen entsprachen, aber doch ganz brauchbar sind, mitberücksichtigt werden müssen. Man wird hierbei namentlich auf die Küstenstrecke Boston—New York (300 km) und auf die Golf-

häfen und die Häfen der Westküste hinweisen. Dieser Einwand ist vom allgemeinen Standpunkt aus begründet, in unserm Zusammenhang aber ist er wenig beachtlich, denn wir wollen ja die Entwicklung von Besiedlung und Verkehr darstellen, und hierfür scheidet die Westküste, wie oben erwähnt, vollständig aus, und auch die Golfhäfen spielen nur eine bescheidene Rolle, denn durch sie sind nur die Spanier (und Franzosen) eingezogen, aber auch von den von dem kurzen atlantischen Küstenstück kommenden Angelsachsen wieder hinauskomplimentiert worden. Wichtiger ist der Einwand wegen der Küstenstrecke New York—Boston, denn sie hat tatsächlich für die Besiedlung eine große Rolle gespielt, und es ist hinter dieser Küste eine Bevölkerung von rd. 7 000 000 entstanden, die infolge ihrer Rasseeigenschaften für die Wirtschaft, Kultur und Politik Nordamerikas von hoher Bedeutung ist. Es ist aber an die schon erwähnten ungünstigen Faktoren zu erinnern, an das Eis und Nebel auf dem Meer, an die kalten Winter im Hinterland, an denen z. B. die erste französische Kolonisation gescheitert ist, und an die Lage, die zwar zu Europa günstig, aber zum Gesamtgebiet der Vereinigten Staaten ungünstig ist, da die Neuengland-Staaten wie eine Halbinsel zu weit gegen Nordosten hinausgeschoben sind. Aus diesen drei ungünstigen Umständen ergab es sich auch, daß bei der Verkehrserschließung das jüngere New York dem älteren Boston so schnell und so gründlich den Rang ablaufen mußte; auf weitere Einzelheiten müssen wir noch zurückkommen.

2. Ferner kann man gegen die so starke Betonung der Küstenlängen den Einwand machen, daß es, wie oben ja schon ausgeführt worden ist, für die Besiedlung und Verkehrserschließung nicht so sehr auf die Küsten als vielmehr auf die Häfen ankommt. Aber gerade die Würdigung der Häfen verstärkt die Feststellung, daß das „Aufmarschgebiet" für die Kolonisation außerordentlich klein ist, denn die Küstenstrecke verringert sich hiermit sogar auf die nur knapp **300 km** lange Strecke New York—Baltimore. Allerdings gilt dies nicht für die frühere Kolonisation, sondern erst für das Eisenbahnzeitalter. Da wir hierauf aber im nächsten Abschnitt genauer eingehen müssen, genügt hier die zusammenfassende Feststellung, daß bezüglich der Küsten und Seehäfen die natürlichen (geographischen) Voraussetzungen für Nordamerika siedlungspolitisch außergewöhnlich ungünstig liegen, da sie bei der gegebenen Hauptrichtung der Kolonisation zwangsläufig zu einer ungeheuerlichen Zusammenballung der Bevölkerung führten. — In Europa ist das — Gottlob! — ganz anders.

C. Die siedlungs- und verkehrsgeographisch wichtigsten Räume Nordamerikas.

Aus den vorstehenden Ausführungen über das Klima und über die Küsten und Häfen hat sich schon an vielen Stellen die Erkenntnis herausgeschält, daß große Gebiete nur geringe Bedeutung und andere verhältnismäßig kleine Gebiete eine sehr große Bedeutung haben.

Man könnte hier folgende Gliederung vornehmen:

1. Gebiete, die siedlungs- und verkehrspolitisch ohne Bedeutung sind:

a) der ganze Norden, südlich im Landesinnern bis zur Getreidegrenze, am Atlantischen Ozean bis zur Nordküste des St. Lorenz-Golfs reichend,

b) die Hochgebirge, Steppen und Wüsten des Westens und Südwestens.

Die Hindernisse liegen bei beiden Gebieten im Klima, ihre Größe umschließt mehr als 60 % des Kontinents.

2. Gebiete, die von geringer Bedeutung sind:

a) die Westküste, wegen ihrer dem Mutterland Europa abgewandten Lage, — jedoch zu beachten: die Fruchtbarkeit, die Mineralschätze und die Einwirkung des Panamakanals,

b) der Süden, bis nördlich zur Baumwollgrenze reichend, — wirtschaftlich gewiß sehr wertvoll, aber gelähmt durch die Plantagen- und Sklavenwirtschaft.

3. Gebiete, die von hoher Bedeutung sind, der Nordosten — die sog. Nordstaaten —, oder richtiger gesagt, bestimmte Teile des Nordostens, die durch Lage, Höhenlage, Klima, Bodenschätze und Wegsamkeit ausgezeichnet sind, dazu der „mittlere Westen“.

Für unsere Betrachtungen genügt es aber, zwei Räume herauszuheben, nämlich:

1. den Aufmarschraum der angelsächsischen Kolonisation und
2. die große Senke Mississippi—St. Lorenz-Strom.

1. Der Aufmarschraum der angelsächsischen Kolonisation.

Wie früher ausgeführt, ist das Küstengebiet von Boston bis Norfolk, oder dessen mittlerer Teil, von New York bis Baltimore, das für die Besiedlung und Verkehrserschließung Nordamerikas bedeutungsvollste Gebiet, so daß man ihm die Bezeichnung „Aufmarschraum der angelsächsischen Kolonisation“ beilegen darf. Landeinwärts ist der Raum in dieser Bedeutung bis zum St. Lorenz-Strom, Ontariosee und Ohio zu rechnen, er ist in Abb. 7 dargestellt, hier aber nach Westen ausgedehnt.

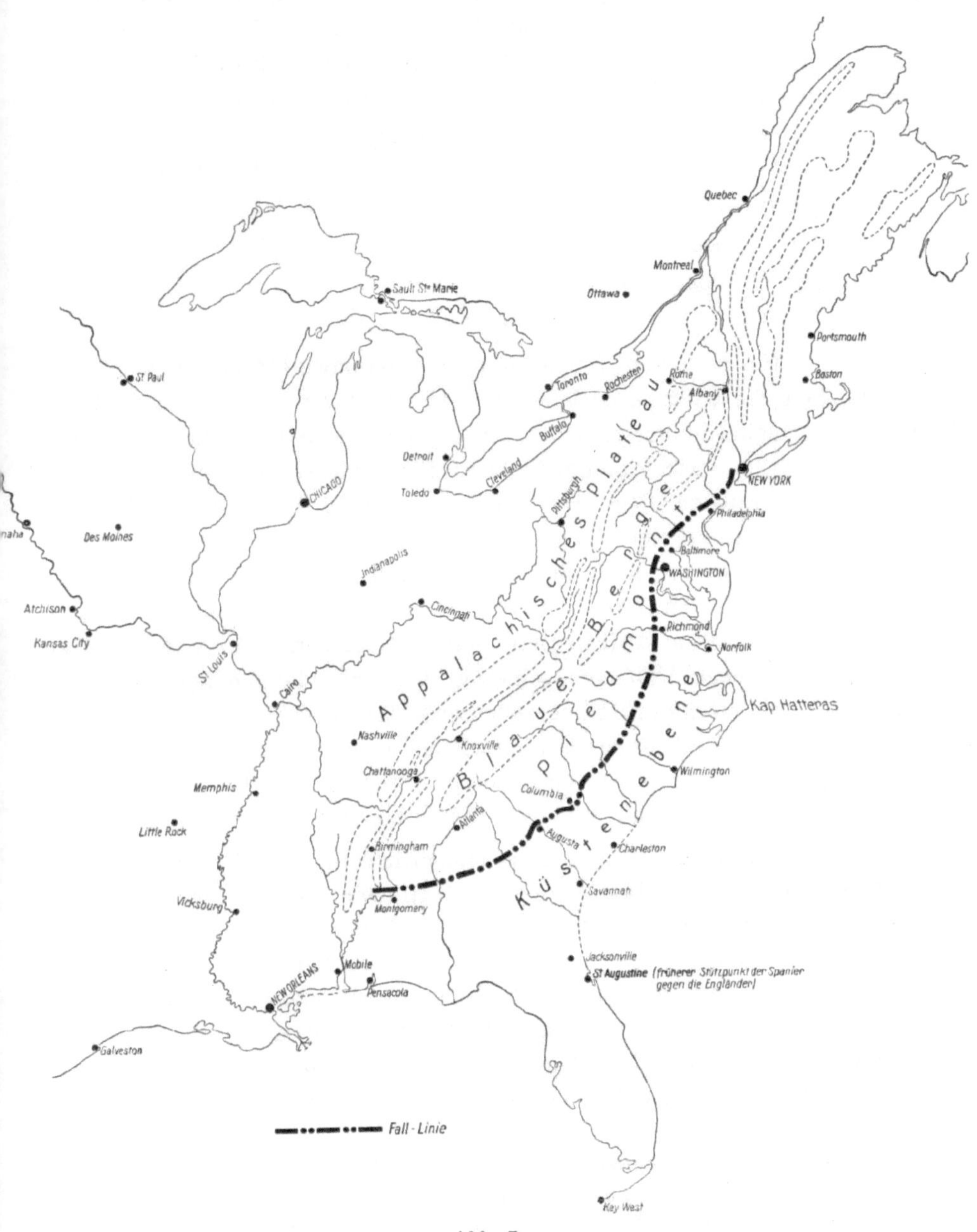

Abb. 7.
Das Atlantische Küstengebiet.

Der Raum ist ein ziemlich regelmäßiges Viereck mit einer von SW nach NO verlaufenden rd. 900 km langen Längsachse und einer von NW nach SO verlaufenden rd. 350 km langen Querachse, der Raum ist also nur rd. 320000 qkm groß und umfaßt daher nur etwa 3,5 % der Gesamtfläche der Vereinigten Staaten, die 9370300 qkm beträgt. Gestalt und Lage des Raums werden durch vier geographische Erscheinungen bestimmt, die entsprechend den einheitlichen geologischen Verhältnissen die charakteristische Übereinstimmung zeigen, daß sie sämtlich in der Richtung der Längsachse des Vierecks, also von SW nach NO, verlaufen:

1. die Küste,
2. das Gebirge der Appalachen,
3. das Tal des Ohio,
4. die Senke des St. Lorenz-Stroms.

Der Aufmarschraum reicht bis an die Baumwollgrenze, also bis an die subtropische Kulturzone heran und in sie hinein, sein südlicher Teil eignet sich daher kaum mehr zur Ackerbauwirtschaft, sondern ist von Anfang an mittels der Plantagenwirtschaft erschlossen worden. Die sog. „Südstaaten" reichen aber grade in diesem Gebiet besonders weit nach Norden. Der Anteil der Negerbevölkerung beträgt bis etwa Baltimore über 25 % und weiter nach Süden in großen Teilgebieten über 50 %[1]. Beherrscht wird das ganze Gebiet durch den Gebirgszug der Appalachen, dessen Aufbau mit seinen Gebirgsketten, seinen teils steilen, teils flachen Abhängen, seinen großen Talbildungen, seinen vielen Quertälern und merkwürdig „verzwickten" Durchbruchtälern, seinen verwickelten Flußsystemen den Vormarsch der Kolonisatoren so ungewöhnlich stark beeinflußt hat, daß man diesen nicht verstehen kann, wenn man sich nicht einige Kenntnis vom Bau dieses Gebirges verschafft.

Die charakteristischsten und namentlich für das Vortreiben der Verkehrswege in das Landesinnere wichtigsten Züge dieses Gebirgssystems sind in seinem südwestlichen Teil schärfer ausgeprägt als in seinem nordöstlichen, denn in diesem nehmen die Gebirgsketten teilweise eine mehr nördliche Richtung an, und es fehlt hier auch das breite Vorland zwischen dem Gebirgsfluß und dem Meer, die Grenze liegt in der Hudson-Senke, also bei New York. In unserm Zusammenhang ist der südwestliche Teil von besonderer Bedeutung.

---

[1] Die Stadt Washington wurde mir gegenüber mündlich schon 1903 als „schwarze Stadt" bezeichnet, d. h. als eine Stadt mit mehr als 50 % farbiger Bevölkerung, ich halte dies aber für eine starke Übertreibung, denn gedruckt habe ich es nirgendwo gelesen, vielmehr wurden nur 30 % farbiger Bevölkerung berichtet. Infolge der starken Wanderung der Neger nach dem Norden, die mit der schnellen Industrialisierung zusammenhängt (s. u.), dürfte sich die „schwarze" Bevölkerung in der Stadt des „Weißen Hauses" inzwischen wesentlich vermehrt haben.

Der Höhenaufbau des Aufmarschraums wird durch die Abb. 7 und 8 verständlich gemacht. Von SO nach NW sind folgende Streifen zu erkennen:

1. die Küstenebene.

2. ein schwach ansteigendes Vorgebirgsland, das den Namen „Piedmont" (Gebirgsfuß, vgl. „Piemont" in Oberitalien) führt und gegen die Ebene durch eine zwar niedrige, aber klar ausgeprägte Stufe abgesetzt ist, nämlich durch die sog. „Fall-Linie" (s. u.).

3. die „Blauen Berge", nämlich die wichtigste als kompakte Masse durchgehende Gebirgskette, sie führt den Namen „Alleghanies", der (in Europa) vielfach für die gesamten Appalachen angewendet wird.

4. das „Große Tal", das sich zwischen 3. und 5. von den Tiefebenen im Südwesten bis in die Hudsonsenke erstreckt und besonders in seiner Längenrichtung gut wegsam ist.

5. der Appalachische Rücken und

6. das Appalachische Plateau, an das sich

7. das Becken des Ohio anschließt.

Im einzelnen ist zu diesen Streifen zu bemerken: Die Küste ist oben gekennzeichnet, sie verfügt von Boston bis Norfolk über eine Fülle von guten Häfen, wird dann allerdings ungünstig, bietet aber für die zur Zeit der Kolonisation bescheideneren Ansprüche noch brauchbare Häfen. Von ihnen ist Savannah 1818 der Ausgangspunkt der ersten atlantischen Dampfschiffahrt geworden.

Die Küstenebene und das Piedmont sind sehr fruchtbar, so daß (nach Rodung der Wälder) Ackerbau auf nahezu alle wichtigen Nährpflanzen, ferner Obstbau und Viehzucht mit hohem Erfolg betrieben werden. Nach Süden kommen Tabak und dann Baumwolle hinzu. — Tabak war das erste wichtige Ausfuhrgut aus den Kolonien und bildete vielfach die erste Quelle für den Reichtum der Plantagenbesitzer. Er wurde dann auch weiter im Norden mit Erfolg eingeführt. Die beiden Streifen werden von zahlreichen Flüssen durchzogen, die im mittleren Gebiet strömen in ziemlich parallelem Lauf in der Richtung gegen SO dem Meer zu. Die südlichen Flüsse haben die Richtung gegen Süden und münden in den Golf von Mexiko, die nördlichen, namentlich der Hudson (und weiterhin der Connecticut) fließen ebenfalls von N nach S. Die Flüsse des mittleren und südlichen Teils entspringen in den Blauen

Bergen, sie haben sich zum Teil tief in die Gebirgsketten eingeschnitten und dadurch Quertäler geschaffen, die der Landstraße und der Eisenbahn gewisse Möglichkeiten bieten. Einzelne bevorzugte Flüsse entspringen noch tiefer im Gebirge, sie erschließen hiermit das „Große Tal“ und nähern sich den Flußsystemen des Ohio und des St. Lorenz-Stroms; sie sind für den Verkehr und zwar für den Kanal- und den Eisenbahnbau von hoher Bedeutung.

Die Flüsse sind in ihrem Unterlauf bis zur Fall-Linie schiffbar, in einzelnen dringen die Gezeiten weit aufwärts vor. Die Fall-Linie setzte allerdings der Schiffahrt zunächst ein Ende und wirkte hierdurch ungünstig, sie hat aber eine hohe wirtschaftliche Bedeutung. Die hier an der Geländestufe auftretenden Wasserfälle und Stromschnellen liefern nämlich die Kraft für die Industrie, und diese ist daher in einer ganzen Städtereihe aufgeblüht, die in einer Länge von 1400 km von Montgomery im Südwesten bis Trenton, dem Endpunkt der Delaware-Schiffahrt, im Nordosten reicht. Die Städte sind durch Eisenbahnen in der typischen Form der „Gebirgsrandlinien“ untereinander verbunden, — geographisch liegt der Vergleich mit dem nördlichen Rand der deutschen Mittelgebirge nahe. In der Siedlungsgeschichte besteht aber der Unterschied, daß die Deutschen auf dem Gebirgsrand, also parallel zu ihm, die Kolonisation vortrieben, während sie in Amerika quer zum Gebirge, also in dieses hinein, vorgetragen werden mußte.

Diesem Vordringen setzten die Blauen Berge und ihre dichten Wälder lange Zeit starken Widerstand entgegen, und die Appalachen blieben daher bis in die Mitte des 18. Jahrhunderts fest in der Hand der Indianer. Auch heute noch bereiten sie den Eisenbahnen nicht geringe Schwierigkeiten, da diese ziemlich große Paßhöhen erklettern müssen und infolge Auflösung des Gebirges in zahlreiche Ketten (ähnlich wie im Jura und den Ostalpen) oft mehrere Pässe hintereinander ersteigen müssen. Nach Nordosten zu werden die Verhältnisse für den Vormarsch zum Ohio und zu den Großen Seen aber erheblich günstiger (s. u.). Am Fußpunkt der Blauen Berge liegt wieder eine Städtereihe, vgl. den Satz: „Die Städte des Gebirgs liegen in der Ebene“, was z. B. die Städte am Nord- und Südhang der Alpen so deutlich veranschaulichen. Diese Gebirgsrandstädte haben infolge der Bodenschätze teilweise eine noch größere Bedeutung als die der Fall-Linie, sie sind durch die große durchgehende Eisenbahn (New York—)Baltimore—Atlanta—Montgomery (—New Orleans) verbunden. Wie schwierig die Appalachen und insbesondere die Blauen Berge für den Eisenbahnbau gewesen sind, zeigt

z. B. Abb. 7 a, aus der hervorgeht, wie große Lücken im Eisenbahnnetz durch diese Gebirge veranlaßt worden sind.

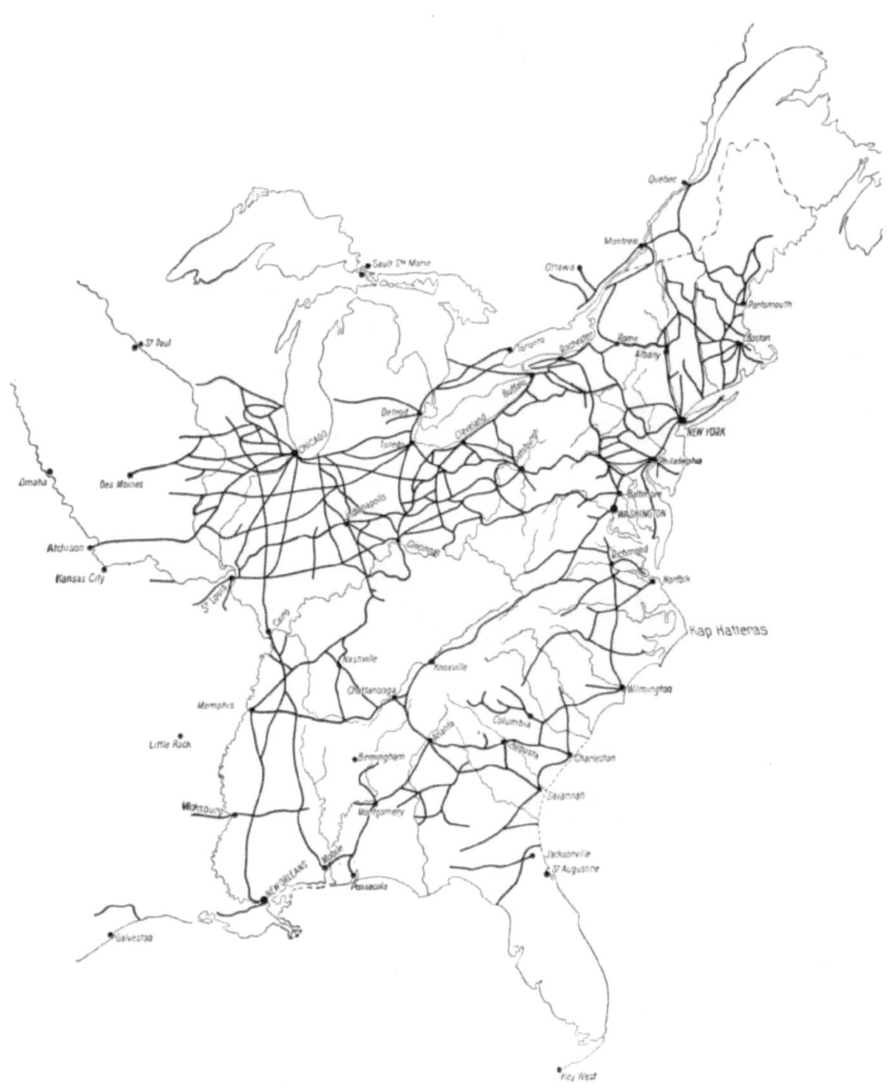

Abb. 7a.
Das Eisenbahnnetz zu Beginn des Bürgerkriegs (also etwa 1860).
Die von Eisenbahnen freien Flächen zeigen, wie lähmend die Appalachen wirken.

Hinter den Blauen Bergen liegt nun das „Große Tal". In den Landkarten, selbst sehr guten, wird man es aber nicht finden, denn es würde schon eine besondere Darstellungsart dazu gehören, um es als

Abb. 8.
Das große Tal und die Kulturlandschaften des Ostens.

durchgehendes Tal hervortreten zu lassen. Es ist daher in Abb. 8 kariert dargestellt, hierbei ist absichtlich die H u d s o n s e n k e als die unmittelbare Fortsetzung des Großen Tals hervorgehoben, desgleichen der Ausgang dieser Senke ins Meer (bei New York) und ihre Verbindung mit den Großen Seen und dem St. Lorenz-Strom. Das Große Tal ist nicht etwa ein tektonischer Graben (wie etwa die oberrheinische Tiefebene). Seine tiefere Lage gegen das Appalachische Plateau im Nordwesten und die Blauen Berge im Südosten ist vielmehr nur auf die stärkere Abtragung seiner Schichten zurückzuführen. Es zeigt auch kein ungefähr gleichmäßiges Gefälle, die Talsohle liegt vielmehr in der Mitte der Längsrichtung (in Virginien) am höchsten, und zwar auf + 800 (!) und sie senkt sich von der Mitte aus nach NO zum Potomac auf nur + 75 m und nach SW bei Chattanooga auf + 200 m und weiter über Montgomery (+ 50 m) zur Golf-Tiefebene hinab. Das Tal hat also im Gegensatz zu den eigentlichen Tälern in einer für den Verkehr sehr günstigen Weise *an beiden Enden Ausgänge* — hier liegt der Vergleich mit der Oberrheinischen Tiefebene nahe, denn auch diese hat zwei Ausgänge, nach Norden durch das Binger Loch zur Nordsee und nach Süden über die Burgundische Pforte zum Rhonetal und zum Mittelmeer. Mehr noch als durch diese beiden Ausgänge wird die Verkehrsgunst des großen Tals dadurch betont, daß in seiner Längenrichtung zahlreiche Flüsse fließen, die zwar durch kleinere Gebirgsketten voneinander geschieden, aber nur durch niedrige Wasserscheiden getrennt sind. Von ihnen strömt nur der Coosa-Alabama, den man als den Rest des früheren Hauptstroms ansprechen muß, direkt zum Meer, und zwar zum Golf. Die andern Ströme haben sich dagegen durch die Gebirgswälle durchgenagt und führen auf großen Umwegen teils zum Ohio (im Südwesten — Tennessee, Kanawha), teils zum Atlantischen Ozean (im Nordosten — Potomac, Susquehana, Delaware). Die „Umwege" und die Durchbrüche sind dem Verkehr sehr günstig (vgl. die für Deutschland so bedeutungsvollen Durchbrüche der Elbe und des Rheins). Ehe wir aber auf diese eigenartigen Flußverhältnisse näher eingehen, haben wir abschließend über das **Große Tal** zu sagen, daß es durch seine besonders nach NO zu so *günstigen Verkehrs*verhältnisse, ferner durch seinen Reichtum an *Holz* und *Wasserkräften*, sodann durch die hohe *Fruchtbarkeit* seiner Verwitterungsböden und schließlich durch seine *Bodenschätze* (Kohle, Öl, Eisen) zu den *wirtschaftlich* **wertvollsten** *Gebieten der Union* gehört.

Die Anordnung des *Flußsystems* am Nordostausgang des Großen Tals ist aber noch günstiger, als aus den eben erwähnten Tatsachen hervorgeht: In einem verhältnismäßig kleinen Raum, nämlich einem *Viereck*, das durch die Städte *Cleveland—Washington—New York—Montreal* umrissen wird, finden sich für die *See- und die Binnenschiffahrt so günstige Vorbedingungen wie sonst kaum auf der Erde.*

Hier treffen nämlich zusammen:

1. der Atlantische Ozean, und zwar mit dem einen seiner beiden wichtigsten Teile — der andere ist der Raum Kanal-Nordsee, das „Zentralbecken des Weltverkehrs".

2. die Großen Seen, die die eine der drei bedeutendsten Binnenwasserstraßen der Welt darstellen — die beiden andern sind der Rhein und der Jangtsekiang.

3. das Stromsystem des Mississippi, das rd. 28 000 km schiffbare Strecken (doppelt soviel wie die deutschen Wasserstraßen) umfaßt und das größte Landwirtschaftsbecken der Welt darstellt.

Und nun sind diese drei gewaltigen Naturerscheinungen gerade in dem genannten Viereck — trotz der Gebirgszüge — nicht voneinander getrennt, sondern durch zahlreiche Täler aufs innigste miteinander verknüpft, wobei die Wasserscheiden zum Teil sehr niedrig sind. Da wir hiermit aber bereits in das Flußgebiet des Mississippi und St. Lorenz-Stroms, also in den zweiten der „wichtigsten Räume Nordamerikas" übergegriffen haben, sei zunächst auf diesen eingegangen, ehe wir auf das eben genannte Viereck zurückkommen.

2. Die große Senke Mississippi — St. Lorenzstrom[1].

Durch Nordamerika erstreckte sich in der Kreidezeit ein Meer, das heute trocken liegt und das ungeheure Becken des Mississippi-Systems darstellt. Diese heutigen „inneren Ebenen" treten äußerlich als eine ausgesprochene Einheit in die Erscheinung, sie sind es auch verkehrsgeographisch (wenigstens bis etwa zum 50. ° nördl. Breite), nicht aber siedlungsgeographisch, denn es zieht sich durch sie hindurch die mehrfach erwähnte ungefähr mit dem 100. ° westl. Länge zusammenfallende Klimagrenze: der östliche Teil ist ausreichend beregnet und daher heute schon dicht besiedelt — ungefähr 20% der Gesamtbevölkerung der Union wohnen hier — der westliche Teil, die Prärietafel gehört dagegen zu den (vorläufig) dünnst besiedelten, aber noch entwicklungsfähigen Teilen des Landes. Der scharf ausgeprägten N—S verlaufenden Klimagrenze stehen die weniger scharfen W—O verlaufenden Klimagrenzen, die Baumwoll- und die Getreidegrenzen gegenüber, außerdem ist dabei wegen der Flußgestaltung, Seenbildung und Moränenwälle die Südgrenze der früheren Eisbedeckung zu beachten.

Da die Ebenen für den Landstraßen- und Eisenbahnverkehr — außer bei den Überbrückungen der Ströme und durch die Schneestürme — keine Schwierigkeiten bereiten, so ist nur über die Flüsse zu bemerken:

---

[1] Vgl. Deckert a. a. O. S. 123 ff.

Die Hauptströme sind der Missouri, der Mississippi und der Ohio. Diese Reihenfolge entspricht der Länge der Ströme bis zu ihrer Vereinigung (4720, 1620 und 1560 km), ihre Wasserführung ist aber umgekehrt, da sie zum Gesamtwasser, das der Mississippi in den Golf wälzt, 14 %, 18 % und 30 % stellen. Der Missouri ist wie alle westlichen Nebenflüsse für die Schiffahrt nur kurze Zeit, etwa von 1830 bis 1885, von Bedeutung gewesen, denn ihre Wasserstände sind infolge der Klimaextreme größten Schwankungen unterworfen (Missouri 700 : 17 000 m^3/Sek), und die eigentliche Erschließung ist außerdem erst im Eisenbahnzeitalter erfolgt und typisch auf das Vortreiben der Eisenbahnen abgestellt worden. Günstiger sind die Verhältnisse des Mississippi, dessen Schiffbarkeit frühzeitig ausgenutzt wurde und heute bis St. Paul—Minneapolis hinausreicht, noch günstiger sind die des Ohio, der eine der großen Völkerstraßen der Kolonisation gewesen ist und auch heute noch trotz der Eisenbahnen einen beachtlichen Verkehr trägt, z. B. Kohlen in kleinen flachen Schuten, die von dem „Schlepper" nicht gezogen, sondern geschoben werden. Aber auch der Ohio hat eine sehr wechselnde Wasserführung (1000 : 34 000 m^3/Sek) und furchtbare Hochwasser — bei Cincinnati, der kritischsten Stelle — bis über **21** m!

Bei der Würdigung der ganzen Landschaft vom verkehrsgeographischen Standpunkt beachte man die niedrigen Höhen: Minneapolis + 240, Wasserscheide gegen den Michigansee + 180, Mündung des Missouri + 120, Pittsburg + 214, Kairo + 82.

Die unmittelbare Fortsetzung der Mississippiebene nach Norden ist für unsere Untersuchungen ziemlich belanglos, weil sie (wie die ganze Richtung S—N) der Kolonisationsrichtung nicht entspricht, und weil die kalten Winter Wirtschaft und Verkehr lähmen.

Von um so größerer Bedeutung ist, daß das Mississippital im Norden durch den St. Lorenzstrom und seine großen Seen einen zweiten Ausgang zum Meer hat, wobei man vorweg erwähnen darf, daß dieser Ausgang zum Meer sich am Eriesee in zwei Äste gabelt, den St. Lorenzstrom und die Mohawk-Hudsonsenke, und daß für die Seenkette ein Parallelweg im Ohio besteht.

Das Gebiet der Großen Seen oder das „Lorenzseenbecken" hat eine recht bewegte geologische Vergangenheit, auf die mit einigen Worten eingegangen werden muß, da sonst die für den heutigen Wasserverkehr günstigen und ungünstigen Verhältnisse nicht klar genug erkannt werden.

Das Gebiet, dessen nördlicher Teil zum „Kanadischen Schild" und dessen südlicher Teil zu den Abtragungsebenen des Inneren Tafellandes gehört, liegt noch vollständig innerhalb der Moränen der jüngsten Hauptvergletscherung und hat seine heutige Gestalt durch die Tätigkeit des Eises, aber auch durch Senkungen und Hebungen des Landes erhalten. Die verschiedenen Entwässerungsstadien sind etwa die folgenden[1]:

a) Im ersten Stadium entwässerte das früher weiter nach Süden reichende Seengebiet nach dem Mississippibecken, so floß der vor dem heutigen Michigansee gelegene Stausee („Lake Chicago" genannt) zum Illinoisfluß ab und hat hiermit dem alten Illinois—Michigan-Kanal und dem neuen großen Chicagokanal ihre Trassen vorgezeichnet. Der vor dem Eriesee gelegene Stausee hatte seinen Abfluß über Ft. Wayne zum Wabash und damit zum Ohio-Mississippi.

b) In einem zweiten Stadium war das ganze Gebiet von einem einzigen großen See, dem „Lake Warren", bedeckt, der einschließlich des damals höher gelegenen Ontariosees zum Mohawk-Hudson entwässerte und damit der für das heutige Verkehrsleben Nordamerikas bedeutungsvollsten Senke ihre Ausgestaltung gab.

c) Im dritten Stadium, in dem die Eisbedeckung das St. Lorenztal bereits vollständig verlassen hatte, reichte infolge einer Senkung das Meer durch das St. Lorenz-Tal bis in den Ontariosee hinein und außerdem durch die Furche des Champlainsees und das Hudsontal bis New York. Neuengland war also damals eine Insel! Diese Vorstellung ist auch für die heutigen Verhältnisse recht lehrreich: Der große, von Übersee kommende Verkehr geht mit Seeschiffen nicht nach der vorgelagerten Halbinsel Neuengland, sondern an dessen Küsten vorbei, unmittelbar zu dem „Kontinentalblock", nämlich zu den beiden Punkten Montreal und New York, und diese beiden großen Häfen sind durch die große Nord-Süd-Eisenbahn- und Kanallinie verbunden, die der „Küste" des Kontinentalblocks folgt.

Das ist die große Basis für den Vormarsch des Verkehrs nach dem Westen, — vgl. die von Montreal ausgehenden zwei kanadischen Pazifikbahnen (1886 und 1914 gebaut) und die geplante Ottawa—Huronsee-Wasserstraße, ferner die durch die Mohawksenke nach Westen strebenden Wege und die von New York nach NW, W und SW ausgehenden Bahnen[2].

---

[1] Vgl. Deckert a. a. O. S. 124.

[2] Der Wasserspiegel des St. Lorenz-Stroms liegt bei Montreal nur auf + 3,6 m (die Stadt auf + 20 m), Montreal ist seit 1853 mit einer damals 4,6 m, heute 9 m tiefen Fahrrinne für Seeschiffe zugänglich und ein großes Zentrum für den See-, Binnenschiffs- und Eisenbahnverkehr, — die Bevölkerung beträgt rd. 650 000, davon etwa 60 % Franzosen. Durch Montreal ist Quebec entthront worden. Dieses Zentrum fängt trotz der winterlichen Eisbedeckung an, sogar

d) In einem vierten Stadium zerfiel der obere Rest des „Lake Warren", der sog. „Lake Algonquin", in die Teilbecken des Oberen, Michigan und Huronsee, die etwa den gleichen Umriß wie heute hatten, aber aus der Georgsbai über den Nipissing zum Ottawafluß entwässerten und hiermit dem künftigen Wasserweg Montreal—Ottawa—Georgsbai—Huronsee die Trasse vorzeichneten.

e) Im fünften Stadium trat eine ungleichförmige Hebung des Landes ein; das Meer trat zurück, Neuengland wurde also aus einer Insel zur Halbinsel; aus einem Meeresbusen wurde der heutige Ontariosee; der Abfluß über den Nipissing kam zu hoch zu liegen, und der Huronsee floß durch den St. Clair-See zum Eriesee. In dieser Zeit entstanden auch die Niagarafälle, in denen von dem zwischen Erie- und Ontariosee bestehenden Gesamthöhenunterschied von 100 m (+ 172 und + 71 m) rd. 50 m überwunden werden, die Niagarafälle sind eine ganz junge Erscheinung (ihr Alter wird auf nur 20 000 bis 30 000 Jahre geschätzt)[1].

Der außerordentlich hohe Verkehrswert des St. Lorenz-Stroms und der Großen Seen leidet an zwei Nachteilen:

1. Die Höhe der Wasserspiegel ist verschieden, nämlich:

	Meereshöhe	Unterschied
Oberer See	+ 183,6	
		5,6
Michigan- und Huron-See	+ 178	
		3,5
Erie-See	+ 174,5	
		98,5
Ontario-See	+ 75	

New York gefährlich zu werden und es hat gewisse Chancen: Das Hinterland von New York mit teils schon ausgesogenen Böden und Waldverwüstung, mit Überindustrialisierung und zunehmender farbiger Bevölkerung, das Hinterland von Montreal mit sorgfältig betreuter Land- und Forstwirtschaft und mit einer weißen Bevölkerung, die ihre europäische Kultur und Tradition nicht über Bord geworfen hat und die am abschreckenden Beispiel der Union lernt, wie man es nicht machen darf.

[1] Nach den Berechnungen der Geologen könnte man noch von einem sechsten Stadium sprechen, das aber erst in rd. 500 Jahren eintreten wird. Wenn nämlich die gegenwärtige Hebung des Landes im Norden und die Senkung im Süden weiter anhalten, wird dann der Michigan-See wieder zum Mississippi abfließen — vorausgesetzt, daß die Wasserbauingenieure ihm das erlauben werden.

Die geologische Geschichte der Großen Seen ist hier etwas ausführlicher dargestellt, weil es kaum ein Gebiet der Erde gibt, bei dem zum richtigen Erkennen der gegenwärtigen verkehrsgeographischen Verhältnisse die geologische Betrachtung so notwendig ist, wie bei diesem Gebiet. Man kann es als Bauingenieur nur schwer bedauern, daß die Geologie auf dem Gymnasium und leider auch auf manchen Technischen Hochschulen so vernachlässigt wird. Die Großen Seen wären eine Dr.-Ing.-Dissertation wert.

Demgemäß sind zwischen dem Oberen- und Huronsee und dem Erie- und Ontariosee *Kanäle* erforderlich.

An der ersten Stelle ist diese Aufgabe durch die Kanäle bei *Sank Ste. Marie* voll gelöst, aber der (schon 1829 erbaute) *Wellandkanal*, der die Niagarafälle usw. umgeht und 110 m Höhenunterschied überwindet, genügt trotz Vertiefung nicht allen Ansprüchen.

2. Die kalten Winter verursachen auf Strom und Seen eine *mehrmonatige Eisbedeckung*. Die Schiffahrt ruht:

bei Montreal an durchschnittlich etwa 130 Tagen,
auf dem Oberen See an durchschnittlich etwa 145 Tagen,
auf dem Eriesee an durchschnittlich etwa 103 Tagen,
auf dem Hudson an durchschnittlich etwa 42 Tagen.

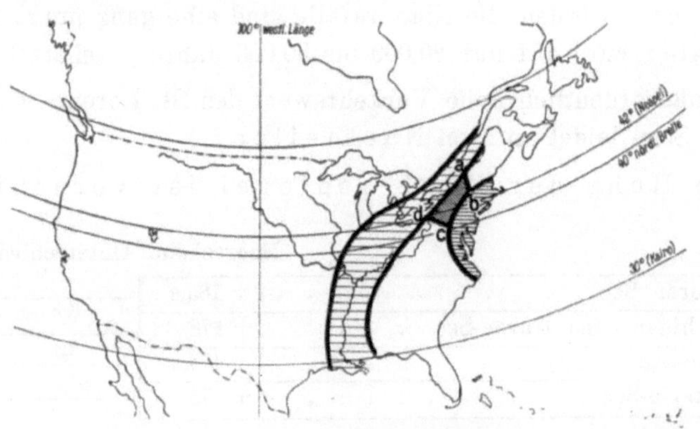

Abb. 9.
Die beiden wichtigsten Räume.

Die Unterbrechungen werden aber durch Eisbrecher mit steigendem Erfolg bekämpft.

Für Montreal und Quebec sind daher die eisfreien Häfen Neuenglands Portland, St. John und Halifax ihre Winterhäfen. Bezeichnenderweise hat die Canadische Pazifikbahn ihr Netz (schon 1853!) durch die Vereinigten Staaten hindurch nach St. John und die Canadische Grand Trunk-Bahn ihr Netz nach Portland ausgedehnt (s. u.).

3. Das Verbindungsgebiet zwischen den beiden wichtigsten Räumen.

Die beiden wichtigsten Räume stellen nach der reichlich schematisch gehaltenen Abbildung 9 zwei Längstreifen dar, von denen der *östliche* räumlich *klein*, nämlich nur 900 km lang, aber *hochwich-*

tig ist, während der westliche räumlich groß, nämlich rd. 2800 km lang, aber weit weniger wichtig ist. Diese beiden Räume sind nun besonders eng untereinander verbunden durch ein Gebiet, das man als das Quellgebiet des Hudson, Susquehana und Ohio bezeichnen kann, das aber zum Teil auch zu den Großen Seen abwässert, und zwar alles mit sehr flachen Wasserscheiden. Es ist in Abb. 9 durch ein mit den Buchstaben a, b, c, d gekennzeichnetes Viereck hervorgehoben. Unter Hinzunahme der angrenzenden Teilgebiete der beiden wichtigsten Räume ergibt sich das oben erwähnte Viereck Montreal—New York—Baltimore —Cleveland[1].

Außer der Klammer a, b, c, d gibt es natürlich noch manche andern Verbindungen zwischen den beiden Räumen, diese sind aber für unsern Zusammenhang von geringer Bedeutung, denn die Verbindungen im Nordosten leiden unter der (Halb-)Inselnatur Neuenglands und den kalten Wintern, und die südwestlichen leiden unter dem warmen Klima und unter den Gebirgswällen der südwestlichen Appalachen.

Wir haben daher in erster Linie das Viereck Montreal—New York —Baltimore—Cleveland in seiner Bedeutung für die Verkehrserschließung und hiermit für das Vortragen der Kolonisation zu würdigen, können uns aber hier kurz fassen, indem wir nur unter Hinweis auf die vielen Durchbruchtäler und die niedrigen Wasserscheiden auf die für die Binnenwasserstraßen und Eisenbahnen maßgebenden geographischen Verhältnisse hinweisen:

Vor dem Eisenbahnzeitalter und noch in den ersten Jahrzehnten ist hier eine Fülle von Kanälen geschaffen worden. Sie zeigen — wie ihre Vorbilder, nämlich die Kanäle oder vielmehr Kanälchen Englands — die dem damaligen geringen Verkehrsbedürfnis und dem damaligen niedrigen Stand der Technik entsprechenden kleinen Abmessungen und zahlreichen Schleusen. Abb. 10 gibt einen Überblick über diese Kanäle — ob über alle, bleibe dahingestellt, denn die aufgegebenen Kanäle finden sich wohl nicht mehr in den Karten. Man kann etwa folgende Rangordnung aufstellen[2]:

1. Kanäle, die inzwischen umgebaut worden sind und heute noch als „Hauptkanäle“ bestehen.

---

[1] Das Quellgebiet der genannten Flüsse hat in der Besiedlungsgeschichte eine besondere Rolle gespielt: Infolge der Gestaltung der Binnengewässer ist es für den Verkehr besonders günstig, hätte also besonders früh erschlossen werden müssen, es wurde aber von den militärisch besonders tüchtigen Irokesen bewohnt, die dem Vordringen der Weißen großen Widerstand entgegensetzten.

[2] Vgl. Seydlitz, a. a. O. S. 448.

2. Kanäle, die inzwischen zwar verbessert worden sind, aber nur noch als „N e b e n kanäle“ bestehen.

3. Kanäle, die aufgegeben sind.

Der frühere Eriekanal, jetzt zum „New York State Barge Kanal“ umgebaut, ist auf 3,7 m Wassertiefe gebracht und kann Schiffe von 3000 t tragen. Der Illinois-Michigan-Kanal (erbaut von 1836—1848) ist von 1,83 m auf 2,13 m vertieft. Über die Sankt Ste. Marie-Kanäle und den Welland-Kanal sind die erforderlichen Angaben schon gemacht.

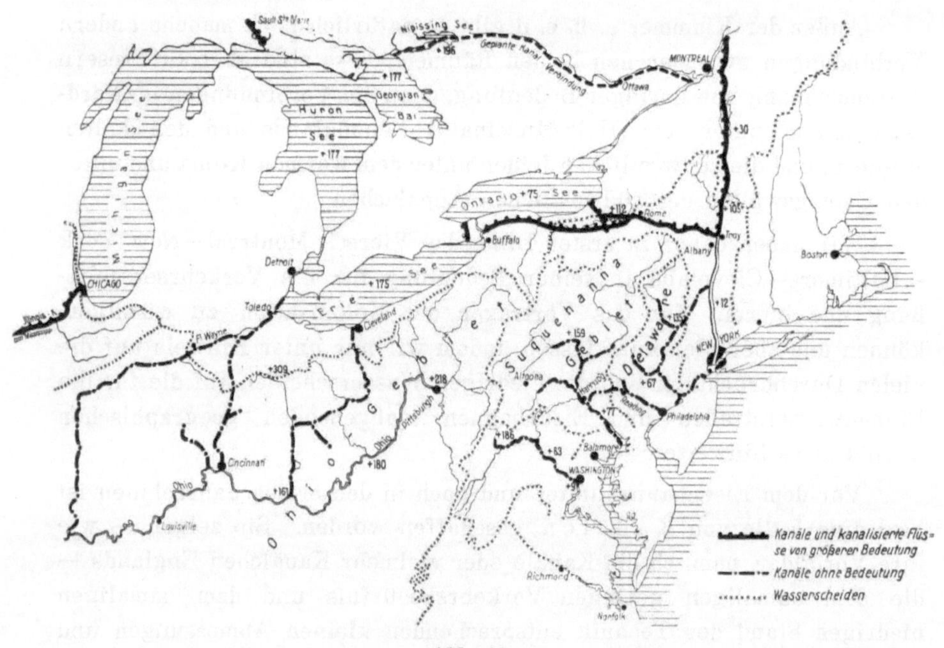

Abb. 10.
Die Binnenwasserstraßen im Nordosten.

Für die Linienführung der E i s e n b a h n e n, namentlich für die Höhe ihrer Scheitelpunkte, ist die folgende — auch für einen Teil der Kanäle wichtige — geographische Erscheinung bedeutungsvoll:

Das G r o ß e T a l hat, wie oben erwähnt, an seinem Nordostende einen A u s g a n g und dieser geht, wie sich aus der karikiert dargestellten Abb. 8 ergibt, unmittelbar in die H u d s o n senke über, diese wieder gabelt sich bei Albany in die C h a m p l a i n senke, die gradeaus nach Norden zum St. Lorenz-Strom und Montreal führt, und in die M o h a w k senke, die in scharf westlicher Richtung (über die unmerkliche

Wasserscheide von Rome (zum Ontario-See und weiter zu dem rd. 100 m höher liegenden) Erie-See führt. Es entsteht hiermit also ein durchgehendes Tal, das im SW tief im Landesinnern, und zwar in der Tiefebene (bei Montgomery) beginnt, bis zu einer Höhe von + 800 m (in Virginien) ansteigt, dann (bei New York) bis auf den Meeresspiegel abfällt, dann wieder ansteigt, um den Erie-See zu erreichen, oder wieder abzusteigen, um bei Montreal wieder beinahe den Meeresspiegel zu gewinnen, — wahrlich eine für den Verkehr unübertrefflich günstige Bildung.

Es ist einleuchtend, daß die Eisenbahn hiervon vollen Gebrauch macht. Für sie ist in Abwägung aller maßgebenden Faktoren das bedeutungsvollste Moment, daß sie am Hudson entlang führend und dann dem Mohawk folgend den Ontario-See (+ 75 m) mit einer Scheitelhöhe von nur + 135 m erreicht und daß sie die andern Großen Seen (mit ihren Höhen von + 174 bis 184 m) praktisch genommen ohne verlorene Steigung erreicht. Diese Linie, die New York Central-Bahn, ist also eine typische Flachlandeisenbahn.

Die übrigen aus dem „Aufmarschraum“ in das Landesinnere vorstoßenden Linien haben dagegen ziemlich große Paßhöhen zu erklimmen, was sich aus folgender Zusammenstellung ergibt, in der entsprechende Paßhöhen wichtiger mitteleuropäischer Linien gegenübergestellt sind:

Nord Erie Bahn	+ 427
Ontario Western	+ 550
Pennsylvania	+ 658
Baltimore Ohio	+ 800

Hauenstein	+ 448
Probstzella	+ 593
Brandleite	+ 639
Simplon	+ 705
Gotthard	+ 1154

Die Eisenbahnen haben hierbei verhältnismäßig wenig Tunnel, aber teilweise große künstliche Längenentwicklungen, bekannt ist die „Hufeisenschleife“ der Pennsylvaniabahn. Abb. 10a zeigt einen Teil der allerdings schon weit im SW liegenden West Carolinabahn beim Aufstieg auf die „Blaue Kette“, der einzigen Bahn, die diesen Gebirgszug überquert und bezeichnenderweise erst 1883 gebaut worden ist.

4. Die beiden wichtigsten Punkte, New York und Chicago.

Wir haben vorstehend versucht, soviel wie möglich die Flächen (Gebiete, Räume, Streifen, Bänder) zu kennzeichnen, es dagegen möglichst vermieden, einzelne Punkte hervorzuheben. Das konnte oft aber nicht vermieden werden, denn in der Verkehrsgeographie spielen nun einmal die Punkte und kleinen Räume eine zu große Rolle, weil sich bestimmte, günstige oder ungünstige, Erscheinungen auf einen Punkt scharf konzentrieren, z. B. ein Wasserfall (als Grundlage für Industrie), ein Hafen, ein Paß, eine gute Brückenstelle.

Diese Konzentration kann verkehrsgeographisch günstig sein, siedlungsgeographisch ist sie aber oft schädlich und manchmal geradezu verhängnisvoll. In unserm Vaterland haben wir — gottlob! — nirgendwo die geographische Gunst so konzentriert, daß sie schwere Schäden bringen mußte, vielmehr ist in ihm (wie in dem ganzen, so reich gegliederten Europa) die Gunst auf Flächen verteilt,

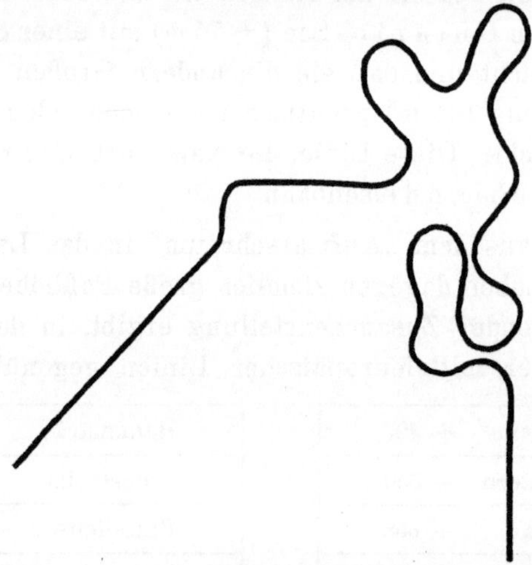

Abb. 10a.
Künstliche Längenentwicklung in den „Blauen Bergen".

vgl. die Buchten von Köln, Frankfurt, Leipzig, die Kohlenbänder, die Salzlinien, die Städtereihen. Wo wir Zusammenballungen haben, sind sie nicht von der Natur vorgezeichnet, sondern wider die Natur von den Menschen als gekünstelte Gebilde „gemacht" worden.

Nordamerika leidet nun aber an der schweren Krankheit, daß zwei Punkte, New York und Chicago, geographisch zu stark betont sind, und daß die Staatslenker dies und die sich daraus ergebenden Gefahren nicht rechtzeitig (viele wohl auch heute noch nicht) erkannt haben.

a) New York.

Wie wir gesehen haben, gibt es in Nordamerika kein Gebiet, das sich an verkehrsgeographischer Bedeutung mit dem schmalen kurzen Streifen messen könnte, der sich an dem Atlantischen Ozean von Baltimore bis

New York erstreckt. Mit verschwenderischer Hand hat hier die Natur ihre Gaben ausgeteilt:

für die Seeschiffahrt im Nordosten Nebel und Eis, im Süden Stürme, Nehrungen, Dünen, Lagunen, hier aber treffliche Buchten mit einer Fülle bester Naturhäfen,

für die Siedler im Nordosten sehr kalte Winter, im Südwesten zu große Wärme, hier aber ein Klima für weiße Bauern, gute Böden, reichliches Wasser, große Wälder,

für die Erschließung des Landes im Nordosten die zu ferne Lage (vom Ohio-Mississippi-Becken), im Südwesten der urwald-bedeckte Gebirgswall der Blauen Berge, hier außer den Durchbruchtälern die große Senke, die das ganze appalachische Gebirgsystem vollständig durchfurcht,

für die Entwicklung der Gewerbe die Wälder, die Wasserkräfte und nicht weit im Innern Kohlen, Öl und Eisen, alles nicht nur von verschwenderischer Fülle, sondern auch so vielseitig wie nur möglich, so daß auch die Gefahr einseitiger wirtschaftlicher Entwicklung nicht vorliegt.

Prüft man nun dieses so kleine, aber so wertvolle Gebiet genauer durch, so findet man, daß sich die verkehrsgeographische Gunst in höchstem Maß in dem einen Punkt New York verdichtet:

Hier sind folgende Beziehungen maßgebend:

a) für die Seeschiffahrt:

1. Am günstigsten ist der nördlichste (nordöstlichste) Punkt des bevorzugten Küstenstreifens gestellt, denn dieser liegt Europa am nächsten, da Nordamerika gegenüber Europa stark nach Süden versetzt ist, das Seeschiff muß also nach einem Hafen streben, der so weit nördlich wie möglich liegt. Es muß also gerade an dem Südrand der Treibeisgrenze entlangfahren, und an dieser liegt eben New York.

2. Philadelphia und besonders Baltimore liegen zwar etwas günstiger zu Südamerika, Westindien und damit auch zum Panamakanal, aber nicht etwa zu Gibraltar und damit zum Mittelmeerbecken und zu den Suezkanallinien.

b) für die Erschließung des Landesinnern:

1. Baltimore und Philadelphia liegen zum wirtschaftlich wertvollsten Teil des Großen Tals allerdings günstiger als New York — der Hauptweg von New York in das Große Tal, nämlich der über die Pennsylvania-Bahn, führt über Philadelphia und weiter über Harrisburg

(+ 98). Aber Philadelphia und sogar Baltimore sind durch die Eisenbahn zu Zwischenstationen an den großen von New York ausgehenden Wegen geworden.

2. Zu Pittsburg und seinem Industriebezirk liegen Philadelphia und besonders Baltimore, rein nach den Entfernungen gerechnet, günstiger als New York; Baltimore hat einen Vorsprung von rd. 180 km! Aber die Bahnen haben die oben erwähnten Höhen zu überwinden (die Pennsylvaniabahn durchbricht die Wasserscheide in einem auf + 658 m liegenden Tunnel), so daß die von New York ausgehenden viel flacheren Bahnen von Norden her um die Gebirge herumfassen und so in das — „natürliche"? — Hinterland von Philadelphia und Baltimore einbrechen können. — Auf diesen Bahnen haben sich früher wüste Tarifkämpfe abgespielt, da die New-Yorker Linien trotz größerer Länge dieselben Tarife, namentlich für Massengüter gewährten, wie die südlicheren kürzeren Linien, wobei sie nicht mit Unrecht auf die günstigeren Steigungsverhältnisse und die hierdurch niedrigeren Betriebskosten hinweisen konnten.

3. Was das Gebiet der Großen Seen anbelangt, so liegt die Grenze zwischen dem „natürlichen" Hinterland von New York und Philadelphia (und Baltimore), etwa in Buffalo: denn Buffalo liegt von den drei Häfen gleich weit entfernt, nämlich (in der Luftlinie) 450 km. Da nun aber im Sinn unserer Betrachtungen es nur auf einen Hafen, also einen „Stützpunkt" an den Seen ankommt, so liegt, praktisch genommen, das ganze Gebiet der Großen Seen gleich günstig zu New York wie zu Philadelphia und Baltimore, obwohl zwei andere Punkte, die man als maßgebend ansehen könnte, nämlich Cleveland und Chicago, rd. 150 km näher zu Baltimore liegen. Aber die reinen Entfernungen sind ja nicht maßgebend, sondern die Transportkosten, und diese werden wesentlich von den zu überwindenden Höhen, d. h. den verlorenen Steigungen, beeinflußt. Nun öffnet sich aber für New York die Hudson-Mohawksenke und diese führt, wie oben erwähnt, den Kanal- und Eisenbahnverkehr (fast) ohne verlorene Steigung — jedoch mit einem Umweg von etwa 170 km! — zum Ontario- und zum Eriesee. Da der Eriesee auf rd. + 175 m liegt, muß man diese Höhe von den Scheitelhöhen der beiden für Philadelphia und Baltimore maßgebenden Linien abziehen, d. h. von + 658 und + 800, so daß für Philadelphia eine verlorene Steigung von 473, für Baltimore von 625 m zu überwinden bleibt. Diese könnte man nun in einem „virtuellen" Längenzuwachs umrechnen, um dadurch die „virtuellen Längen" zwischen Buffalo, Cleveland oder

Chicago einerseits und den drei Konkurrenten am Atlantischen Ozean andererseits zu berechnen. Aber derartige Berechnungen stehen auf tönernen Füßen, man kann die Verbindungen Chicago—New York (über Buffalo) und Chicago—Philadelphia (über Pittsburg) als gleichwertig ansehen, was z. B. auch in den Leistungen der beiden Eisenbahngesellschaften (New York Central-Bahn und Pennsylvania-Bahn) zum Ausdruck kommt. Dagegen ist die Verbindung Chicago—Baltimore (über die Baltimore- und Ohio-Bahn) trotz der geringeren Länge ungünstiger zu bewerten, da sie zu hoch klettern muß.

4. Unbestritten ist der Vorsprung New Yorks natürlich im ganzen Bereich des Ontariosees und Montreals und hiermit des wertvollsten Teils von Canada.

5. Dasselbe gilt von den Neuengland-Staaten, in denen New York von rückwärts her in das natürliche Hinterland von Boston einbricht. Sogar im Verkehr mit Europa hat sich Boston von New York schlagen lassen müssen.

6. Zu all diesen Vorzügen kommt hinzu, daß der Hudsonstrom allen anderen Flüssen dieses Gebiets als Wasserstraße weit überlegen ist. Allerdings haben auch der Delaware, Shuylkill und der Susquehanna eine große Rolle in der Verkehrs- und Besiedlungsgeschichte der Union gespielt und sie sind auch zu Kanälen — aber mit nur bescheidenen Abmessungen — ausgebaut worden, aber sie haben nur einen sehr kurzen Unterlauf, denn die die „Fall-Linie“ bildenden Wasserfälle und Stromschnellen liegen nahe an der Küste, beim Delaware (mit allerdings nur 2,5 m Höhe) bei Trenton, beim Shuylkill dicht oberhalb Philadelphias, beim Susquehanna bei Port Deposit, dicht an der Mündung. Der Potomac hat oberhalb Washingtons die „Großen“ und die „Kleinen Fälle“ mit 27 und 12 m Höhe, der James River dicht an der Mündung die 26 m hohen Fälle von Richmond. So günstig dies für die Gewerbe war, so ungünstig war es für die Schiffahrt.

Der Hudson und Mohawk haben dagegen Wasserfälle erst oberhalb ihrer Vereinigung und der Hudson ist bis Troy eine großartige Wasserstraße, denn auf dieser 242 km langen, fast geradlinigen Strecke ist er eigentlich nicht als eine Binnenwasserstraße, sondern als ein Arm des Meers zu bezeichnen, bis Troy, wo der Wasserspiegel auf nur + 15 m liegt, wirken die Gezeiten. Die Wassertiefe ist bis etwa 100 km landeinwärts 6 m, und das Gefälle ist bis hierhin verschwindend klein, von da ab bis Troy ist die Wassertiefe durch Regulierung auf 3,6 m gebracht. Der weit hinaufgehende Einfluß der Flut verhindert im allgemeinen auch das Zufrieren des Unterlaufs, während die andern Flüsse stark durch Eis behindert sind; es ist aber gelegentlich schon der Hafen von New York zugefroren gewesen.

Die Fortsetzungen des Hudson sind nach Norden (Montreal) der Champlainkanal, nach Westen der Eriekanal. Dieser wurde 1817 bis 1825 mit einem Aufwand von rd. 30 000 000 ℳ gebaut; seine späteren Verbesserungen und Erweiterungen sollen (einschl. des Champlainkanals) rd. 400 000 000 ℳ erfordert haben. Das Wort, daß „er New York die Grundlage zum Aufstieg zur Handelsmetropole Amerikas gab", ist übertrieben, denn hieran haben die Eisenbahnen wohl noch größeren Anteil. Richtig würde es sein, wenn man dies Wort auf die Hudson-Mohawksenke anwenden würde. Der alte Eriekanal ist rd. 560 km lang, er überwand die Höhen mit 174 Schleusen, der neue Bargekanal folgt teilweise einer andern Trasse und hat nur 35 Schleusen. Der Verkehr des Kanals ist durch die Eisenbahnen stark beeinträchtigt worden, er besteht hauptsächlich in Getreide, Salz und Holz.

Gestützt auf seine großen verkehrsgeographischen Vorzüge, gelang es New York, tief in das Hinterland seiner Wettbewerber einzudringen. Es liegt hier eines der typischsten Beispiele für das „Abgraben" des Verkehrs oder das „Anzapfen" von Flußgebieten vor (vgl. in Deutschland das Anzapfen des Gebiets der schwachen Weser durch den starken Rhein, oder in Italien das Anzapfen des Pogebiets durch Genua). Zum Teil ist das „Anzapfen" in der ursprünglichsten Form erfolgt, nämlich mittels Wasserwegen, vgl. den Hudson—Delaware-Kanal, der 1825—1828 hauptsächlich für den Kohlenverkehr aus Pennsylvanien gebaut worden ist.

New York hat auch den Häfen Neuenglands, besonders Boston, den Verkehr nach dem Westen „abgegraben". Für Neuengland ist, abgesehen von seiner Halbinselnatur, vor allem der Umstand ungünstig, daß der W—O-Verkehr in ihm durch den Verlauf der Gebirge und Täler sehr erschwert ist, denn diese sind ausgesprochen von Nord nach Süd gerichtet, — bezeichnenderweise liegt in der Linie Boston—Albany der längste Tunnel Nordamerikas (Hoosac-Tunnel, 7,6 km lang). Neuengland und Pennsylvanien haben die Ungunst ihrer verkehrsgeographischen Verhältnisse frühzeitig erkannt und sich bemüht, sie zu überwinden, es ist ihnen dies aber, wie wir noch sehen werden, nur in geringem Maß gelungen.

Trotz der großen geographischen Vorzüge New Yorks und der Hudson-Mohawksenke, ist die Besiedlung anfänglich gegenüber den beiden Nachbarn zurückgeblieben, und zwar aus geschichtlichen Gründen, ein gutes Beispiel für den u. U. so starken Gegensatz von Geographie und Geschichte. Die Gründe sind folgende:

1. Das Hudsongebiet ist nicht von Engländern, sondern von Holländern besiedelt worden, diese machten aber nicht eine Siedlungs-, sondern nur eine Handelskolonie daraus, so daß die Zahl der Kolonisten sehr klein blieb, und die Hudsonsenke stellte daher im Gegensatz zu ihrer geographischen Stärke eine Schwächezone innerhalb der europäischen Kolonien dar.

2. Nach dem Übergang an England (1664) setzte zwar eine schnelle Besiedlung ein, es entstanden hierbei aber starke politische und religiöse Spannungen.

3. Die im Mohawktal ansässigen kriegstüchtigen Irokesen verhinderten das Vordringen der Kolonisation.

4. Daher konnten Neuengland (Boston) und Pennsylvanien (Philadelphia) ihr Hinterland vor New York durch Verkehrswege erschließen. Die große Wendung, die den Aufstieg New Yorks einleitete, liegt erst nach 1854.

Die Entscheidung brachte nämlich der Bau der New York-Centralbahn. Später hat die Steigerung der Größe der Seeschiffe dem Hafen New York den unbedingten Vorrang verschafft, und zwar im Sinn der für den Weltverkehr so bedeutungsvollen Allgemeinerscheinung, daß mit dem Größerwerden der Schiffe die Bedeutung der schwächeren Häfen (relativ) immer mehr sinkt, die der stärkeren (relativ und absolut) immer mehr steigt, bis schließlich für jede „Territorialwirtschaft" ein Hafen zur Stellung des beherrschenden Welthafens aufsteigt. Hierfür ist aber New York vorausbestimmt gewesen, da sein ausgezeichneter Hafen auch für die größten Ozeanriesen jederzeit zugänglich ist, während seine Rivalen heute nur noch für „mittelgroße" Schiffe geeignet sind.

Den in Abb. 8 gemäß Prof. Schmieder (a. a. O. S. 50) dargestellten drei „Kulturlandschaften" Neuengland, Mittlere Kolonien und Alter Süden könnten daher vom Verkehrstandpunkt aus drei „Verkehrsprovinzen" gegenübergestellt werden. Sie sind in Abb. 11 angedeutet. In ihr erscheint Philadelphia als ein „Trabant" New Yorks, nämlich als der erste Hauptstützpunkt der durchgehenden Pennsylvania-Bahn; in der Abbildung ist auch dargestellt, wie der Seeverkehr an Boston, Philadelphia und Baltimore vorbeigeleitet, und wie der Landverkehr (die Eisenbahn) von New York aus in das Hinterland von Boston und Baltimore eingreift.

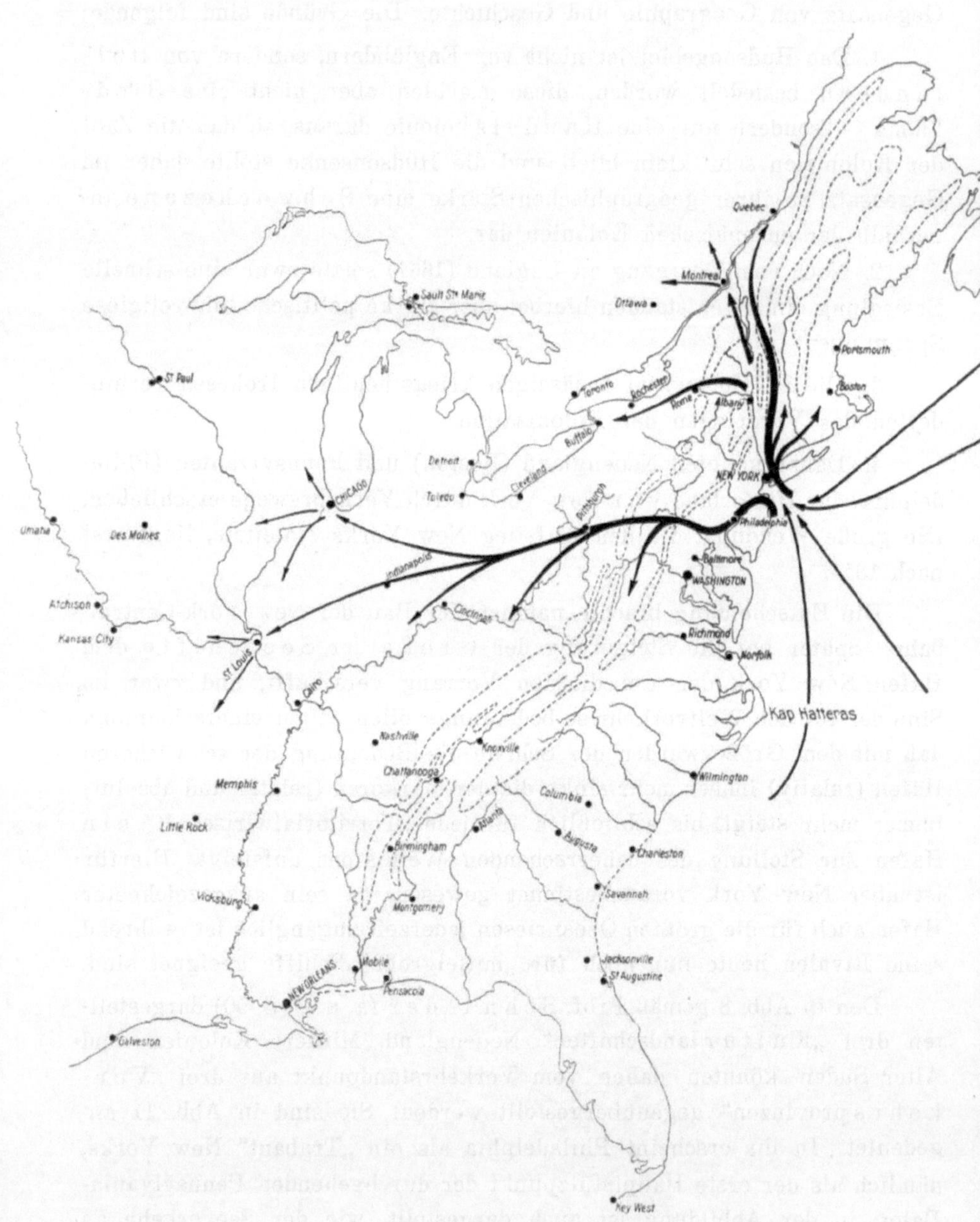

Abb. 11.
Darstellung des Hinterlands, das New York im Verkehr fast unbestritten beherrscht.

b) Chicago.

Wo sich die beiden Hauptachsen des zweiten „wichtigsten“ Raums, die Süd-Nord-Achse Mississippi und die West-Ost-Achse St. Lorenz-Strom treffen, muß sich natürlich ein für den Verkehr besonders wichtiger Punkt herausbilden. Aber es brauchte auch hier nicht ein wirklicher Punkt, also eine Stadt, sich herauszukristallisieren, es hätte vielmehr auch hier ein kleiner Raum sein können, in dem mehrere Häfen und mehrere Eisenbahnknotenpunkte Platz gehabt hätten, so daß sich die Bevölkerung nicht so hätte zusammenballen müssen, wie es leider geschehen ist.

Der maßgebende „kleine Raum“, als den man das Gebiet unmittelbar westlich des Huron- und Eriesees ansprechen muß, verdichtet sich aber dadurch zu einem Punkt, daß der Michigansee so weit nach Süden vorstößt. Ein Blick auf die Karte lehrt, daß der eben als „maßgebend“ bezeichnete Raum in Wirklichkeit nicht maßgebend sein kann, da er eine Halbinsel ist, die dem durchgehenden Verkehr entrückt ist und nur an ihrer Südgrenze von ihm gestreift wird. Es zeigt sich vielmehr, daß der aus dem Osten kommende, nach dem Nordwesten strebende Verkehr die Südspitze des Michigansees umfahren muß. Hier mußte für den Vormarsch der Kolonisation ein Stützpunkt angelegt werden, was 1803 durch das Fort Dearborn geschah, und aus ihm wuchs bis 1833 (vor nur hundert Jahren!) das Dörfchen Chicago (mit 150 Einwohnern) heran. Seit dieser Zeit entwickelten sich die beiden wichtigsten städtischen Funktionen Chicagos: Einfalltor für die Einwanderer und Einfuhrhafen für die Industrie-Erzeugnisse aus dem Osten. Später kam die dritte Funktion hinzu: Ausfuhrhafen für die landwirtschaftlichen Erzeugnisse aus dem Westen, dann die vierte Funktion: Verarbeitung der landwirtschaftlichen Erzeugnisse (vgl. die großen Schlachthöfe und Mühlen), und schließlich als fünfte Funktion: Erzeugung der für die Landwirtschaft erforderlichen Industrieprodukte. Alles dieses beruht auf der verkehrsgeographischen Lage Chicagos in dem großen Rahmen des ganzen Landes, das im Osten durch Industrie und Handel, im Westen durch Landwirtschaft charakterisiert wird, so daß infolge der gegenseitigen „Anziehungskraft des Ungleichartigen“ gewaltige Ströme von Gütern entstehen müssen. Aber es kommen noch andere Vorzüge hinzu: Die Lage an der Spitze eines großen Sees (oder vielmehr eines des größten Seengebiets der Welt) macht Chicago zu je einem „Halbstrahlenpunkt“ für die Schiffahrt und für die Eisenbahn, die günstige Lage zum Mississippi und die kaum merkliche Wasserscheide macht die Stadt zu dem Durchgangspunkt für den durchgehenden Wasserverkehr. Die Lage zum Gebiet des oberen Mississippi und des Missouri geben deutliche Hinweise dafür, daß hier der richtige Ausgangspunkt für die Pazifikbahnen zu suchen war (s. u.). Dazu kommt die Zwischenlage zwischen den Erzfeldern des Nordwestens und den Kohlen- und Ölfeldern Pennsylvaniens, dazu die Nähe dieser Bodenschätze, durch die die Erzeugung von Industriewaren verbilligt wird.

Diese geographischen Vorzüge haben Chicago vor allem zum größten Eisenbahnzentrum gemacht, wobei aber sicher Übertreibungen des Konzentrationsgedankens vorgekommen sind.

II. Die geschichtliche Entwicklung der Besiedlung und des Verkehrs.

Einleitung.

Gestützt auf die vorstehenden Ausführungen geographischer Natur soll nachstehend die geschichtliche Entwicklung der Besiedlung und die der Verkehrserschließung behandelt werden. Hierbei ist bei der Besiedlung auf das Werk Schmieders zu verweisen, in dem sie so klar und vollständig dargestellt ist, daß jeder, der sich über die Siedlungs- (und Verkehrs-)Probleme Nordamerikas unterrichten will, dieses Werk lesen muß. Für das Siedlungswesen kommt es in unserm Zusammenhang nur darauf an, die Faktoren herauszuheben, die für eine wahrhaft gesunde Besiedlung, also für den Ackerbau durch Weiße und das Kleinhalten der Städte günstig sind, und andererseits die, die hierfür ungünstig sind, also die Faktoren, die den Ackerbau durch Weiße erschweren und die, die auf ein Zusammenballen der Menschen in Riesenstädten hinwirken. Dagegen gibt es über die Verkehrserschließung, so weit ich dies ermitteln konnte, leider keine zusammenhängende Darstellung, namentlich keine, die die Wirkungen auf das Siedlungswesen erörtert und hierbei mit der erforderlichen Kritik an den Stoff herangeht.

A. Die geschichtliche Entwicklung der Besiedlung.

1. Zusammenstellung der wichtigsten Ereignisse.

Um vorab den Leser schnell darüber zu unterrichten, wie sich die Besiedlung nach Raum und Zeit abgespielt hat, sind nachstehend die wichtigsten Ereignisse in (ungefähr) chronologischer Ordnung aufgeführt. Hierbei sind auch einige besonders charakteristische Daten der Verkehrserschließung eingefügt. Zu verweisen ist außerdem auf die folgenden Abbildungen:

Abb. 9. Die beiden wichtigsten Räume.
Abb. 11. Das Gebiet, das New York im Verkehr fast unbestritten beherrscht.
Abb. 12. Die Hauptkulturgebiete der Eingeborenen.
Abb. 13. Die Vernichtung des Büffels.
Abb. 14. Die Anmarschwege der europäischen Kolonisatoren.
Abb. 15. Die Auswanderung aus Europa in die Vereinigten Staaten.
Abb. 16. Die ersten Kolonisationsvorstöße der Europäer.
Abb. 17. Die politische Gliederung im Beginn der Kolonisation.
Abb. 18. Die Gliederung des Ostens nach Staatengruppen.
Abb. 19. Die politische Entwicklung der Union.
Abb. 19a. Die Verteilung der Bevölkerung in Neuengland.

1497 Cabato sucht im Auftrag Englands ohne Erfolg die „westliche Durchfahrt" nach China (über Labrador).
1503 Die Engländer erreichen bei diesem Suchen Kap Hatteras, geben dann aber das Suchen und damit Amerika auf.
1506 Der Fischreichtum vor Neufundland lockt die Franzosen.
1510 Beginn der Neger-Einführung.
1513 Die Spanier setzen sich in Florida und
1523 an der Mississippi-Mündung fest und erreichen
1542 die Bucht von San Francisco und Colorado.
1524 Die Franzosen erreichen die Hudson-Mündung.
1534—1542 Die Franzosen erreichen die Stelle des heutigen Montreal und machen die ersten Kolonisationsversuche, die aber an dem strengen Winter zusammenbrechen.
1562 Die Franzosen (Hugenotten) machen Kolonisationsversuche in Florida (ohne Erfolg).
1583 Die Engländer nehmen — nach rd. 80 Jahren! — die Kolonisation wieder auf, nach erfolglosen Versuchen wird
1607 Jameston in Virginia der feste Ausgangspunkt.
1616 Neuengland wird besetzt.
1620 Fahrt der May Flower (mit Puritanern).

1614 (bis 1674) Die Holländer im Raum New Yorks.

1619 Einfuhr von Negersklaven in Virginia. Beginn der Latifundien-Wirtschaft.

1604 Die Franzosen kolonisieren erneut am St. Lorenz-Strom und gründen

1608 Quebec und zwar als Stützpunkt für den Pelzhandel.

1609—1673 Die Franzosen erkunden das Gebiet der Großen Seen, ihre Kolonisationstätigkeit bleibt aber sehr schwach, kein Ackerbau, nur Handels- und Missionsstationen.

1673—1682 Die Franzosen (La Salle) erkunden das Mississippi-Becken und machen es zur Kolonie Louisiana.

1682 Die Engländer (Penn) erwerben Pennsylvanien.

1700 Der Küstenstreifen bis zur „Fall-Linie" in der Hand der Engländer, — aber noch kein Vordringen in die Appalachen, außer in der Hudson-Mohawk-Senke und am Connecticut.

1690 Erster Zusammenstoß zwischen Engländern und Franzosen in Amerika.

1697 Friede von Ryswyk, Frankreich behauptet noch seinen Besitz.

1701 Detroit gegründet.

1701—1713
1744—1748
1755—1763 } Kriege zwischen England und Frankreich. Frankreich verliert seine nördlichen Besitzungen an England.

1763 Frankreich praktisch, endgültig erst 1803, als Kolonialmacht aus Nordamerika ausgeschieden, Nordamerika also nur zwischen Spanien (im Süden) und England (im Norden) geteilt.

Von 1716 ab Engländer, Iren und Deutsche dringen in die Appalachen ein — die „Hinterwäldler".

1720 Die Erzverhüttung beginnt (im Piedmont).

Von 1750 ab: Die Gebirgsschranke ist wenigstens in ihrem nördlichen Teil durchbrochen, Vordringen in das Ohio-Gebiet, hierbei

1755 der oben erwähnte Zusammenstoß mit den Franzosen.

1760 Der Kohlenbergbau beginnt.

1760 Die Russen dringen (als Fischer und Jäger) von Sibirien her an der Küste Alaskas vor, — keine Kolonisation.
Die Spanier werden hierdurch veranlaßt, von Kalifornien aus nach Norden vorzustoßen, — wenig Kolonisation.

1764 St. Louis gegründet.

1775—1783 Der Freiheitskrieg gegen England.

1787 Begründung der Union, es wird hierbei aber der große wirtschaftliche Gegensatz zwischen den farbigen Plantagenbau-Südstaaten und den weißen Ackerbau-Nordstaaten deutlich, das Sklavenproblem wird nicht gelöst.

1787 Baumwollindustrie in Neuengland.

1800 Die Auswanderung aus Neuengland nach dem Nordwesten beginnt.

1804 Chicago gegründet.

1804—1823 Planmäßige Erforschung nach Westen zu und Vorstöße der Pelzhändler.

1818 Erste Atlantische Dampferlinie von Savannah aus eingerichtet.
Dampferverkehr auf dem Erie-See.

1820 Im Ohio-Becken etwa eine Million Einwohner.

1821 Mexico löst sich von Spanien los.

1823 Reger Dampferverkehr auf dem Mississippi.

1825 Der Kongreß beschließt, die östlich des Mississippi wohnenden Indianer nach dem Westen zu verpflanzen.

1826 Der Erie-Kanal fertiggestellt. Beginn des Aufstiegs New Yorks.

1830 Erste Eisenbahn (Baltimore—Susquehana).

1840 Die gegen West vordringenden Kolonisten erreichen den Ostrand der Trockengebiete. Die Prärien werden in zu pessimistischer Auffassung als für den Ackerbau ungeeignet erklärt.

1840 Die Landwirtschaft in Neuengland hat ihren Höhepunkt überschritten.

1843 Eisenbahn Boston—Buffalo fertiggestellt.

1846 Grenze mit Canada vereinbart.

Von 1846 ab: Das „Überspringen“ der Prärien durch die Kolonisation, Einzug der Mormonen in Utah.

1848 Texas und Neu-Mexico erobert, Umfang des heutigen Staatsgebiets erreicht.

1848 Gold in Kalifornien! Die Abenteurer aus aller Welt strömen in Kalifornien zusammen.

Von 1850 ab: Das Ohio-Becken die Kornkammer des Lands, Maschinen-Großbetrieb in der Landwirtschaft. Starke Bedrohung der östlichen Bauernwirtschaft. Beginn der Entvölkerung des platten Lands im Osten.

1848 (bis 1869) Starke Zunahme hochwertiger Einwanderer.

1851 Die Eisenbahn überwindet von New York aus die Appalachen.

1851 Gold in Colorado und 1856 in Arizona.

1853 Seeschiff-Fahrstraße (mit 4,6 m Tiefe) bis Montreal fertig.

1854 Der Mississippi (bei St. Louis) von der Eisenbahn erreicht.

1859 Die Ölproduktion beginnt (von Pittsburg aus).

1859 Eisenbahn Montreal—New York fertig.

1860 Goldgewinnung in Kalifornien erschöpft, Übergang zum Gartenbau.

1861—1864 Der Bürgerkrieg. — Abschaffung der Sklaverei, das Negerproblem aber nicht gelöst.

1863—1869 Erste Pacificbahn Chicago—Omaha—Ogden—San Francisco.

2. Die Bedeutung der Indianer für die Besiedlung.

Die Ureinwohner Nordamerikas sind Eskimos und Indianer. Die Eskimos kommen für unsere Untersuchungen nicht in Betracht, um so mehr aber die Indianer, über die man allerdings heute in der Union am liebsten überhaupt nicht spricht, denn man hat ihnen gegenüber ein schlechtes Gewissen, und man hat allmählich wohl auch erkannt, daß die Ausrottung der Indianer vom wirtschaftlichen Standpunkt aus falsch war.

Die Kolonisten verfügten nicht über die notwendigen wirtschaftlichen und geographischen Kenntnisse, um zu wissen, daß das wichtigste wirtschaftliche Gut eines Lands in seinen Menschen besteht, und daß es eine der bedeutungsvollsten Aufgaben des Kolonisators ist, die Landeseinwohner zu schonen, zu sich heranzuziehen und zu einer höheren Kulturstufe heraufzuführen. Denn die in Jahrtausenden herangewachsenen Generationen der Eingeborenen haben eine den gesamten geographischen (namentlich den klimatischen) Verhältnissen angepaßte Entwicklung durchgemacht und sich daher in ihr Land harmonisch eingefügt. Sie sind daher die wertvollsten Arbeitskräfte, der aus einem fremden Land und anderem Klima kommende Kolonisator ist dagegen zu vielen Arbeiten untauglich und während der ersten Generationen viel von Krankheiten bedroht, und noch kritischer ist, nicht immer, aber oft, die Einfuhr von fremdrassigen Arbeitern. — Wie anders denkt man heute über den Wert der Eingeborenen in Afrika und der Südsee!

Die Zahl der Indianer soll vor dem Eindringen des weißen Mannes 1 000 000 bis 3 000 000 betragen haben, heute sind es noch vielleicht 460 000. Nach der Kultur gliederten sie sich in folgende Gruppen[1]:

1. In den canadischen Wäldern lebten sie, da die einzige einheimische Körnerfrucht, der Mais, hier von ihnen nicht angebaut werden konnte, als Jäger, Fischer und Sammler. Sie mußten Nomaden sein, ihre Wohnung war das Zelt, ihr Verkehrsmittel das Rindenkanu, das auch bei den Entdeckungsfahrten der Europäer wertvolle Dienste

[1] nach Schmieder, a. a. O. S. 22.

geleistet hat. Diese Indianer waren besonders bedeutsam für den Pelzhandel, denn dieser bildete ursprünglich die wichtigste Grundlage des wirtschaftlichen Lebens der Kolonisatoren.

2. An der pazifischen Fjordenküste sitzen Fischer und Sammler mit einer bemerkenswerten materiellen Kultur.

3. In Californien saßen Jäger und Sammler, sie haben aber von den für zahlreiche Kulturgewächse so günstigen Voraussetzungen keinen Gebrauch gemacht, weil die altamerikanischen Gewächse nur mit künstlicher Bewässerung angebaut werden können.

4. Die Indianer der Prärien führten ein besonders einseitiges Wirtschaftsleben, da dies nur auf der Jagd auf Büffel beruhte, der ihnen alles für Nahrung, Kleidung und Wohnung lieferte. Die Büffelkultur erreichte aber ihren Höhepunkt erst, als die Indianer von den Europäern das Gewehr und im Pferd ein leistungsfähiges Verkehrsmittel erhielten und zu Reitervölkern wurden.

5. Im östlichen Waldgebiet erreichten die Indianer einen hohen Kulturstand. Sie waren Hackbauern auf Mais, Bohnen, Tabak usw. Ihre Siedlungsform war „bodenvag", da das Fehlen von Haustieren und daher von Dünger sie zu einem häufigen Wechsel der zu bebauenden Flächen und damit zum Verlegen ihrer (leicht gebauten) Dörfer und Kornspeicher zwang.

6. Die höchstentwickelten Indianer lebten im Südwesten und Mexico, sie wohnten schon in Städten und haben sich gegen die Weißen am besten gehalten, aus ihnen bildet sich heute die mexikanische Nation, in die der schwache spanische Einschlag schnell aufgeht. Die Leistungen der Mexikaner, deren Führer zum Teil reinblütige Indianer sind, beweisen, daß der Indianer wesentlich höher zu stellen ist, als vielfach behauptet wird.

Die Hauptkulturgebiete der Eingeborenen sind (nach Schmieder) in Abb. 12 dargestellt.

Durch den Weißen wurde den Hackbau treibenden Indianern ihr Boden genommen, den Büffeljagenden der Büffel vernichtet. In der Union spielen sie heute wirtschaftlich keine Rolle mehr. Die Hackbauern des Ostens wurden, nachdem man ihnen die Technik ihrer Landwirtschaft abgesehen hatte, teils vernichtet, teils immer weiter nach Westen gedrückt. Im allgemeinen waren sie friedlich, nur einzelne Stämme, namentlich die Irokesen, haben zähen Widerstand geleistet, was für die Kolonisation um so wichtiger war, als sie die so wichtige Mohawk-Senke und das Quellgebiet des Ohio beherrschten. Die Vernichtung der Büffel ist ein besonders trauriges Kapitel der Zivilisation: Dieses wirtschaftlich so wertvolle Tier, das man doch wohl auch hätte zähmen können, wurde sinnlos vernichtet. Die Indianer nahmen von ihnen nur so viel, wie sie brauchten, sie konnten ihnen ohne Feuerwaffen überhaupt nur wenig Abbruch tun, sie sorgten dagegen für Vermehrung, indem sie die Wälder abbrannten und hierdurch das Grasland erweiterten. Die Weißen aber fielen — namentlich in zwei großen, ebenso sinnwidrigen wie ekelhaften

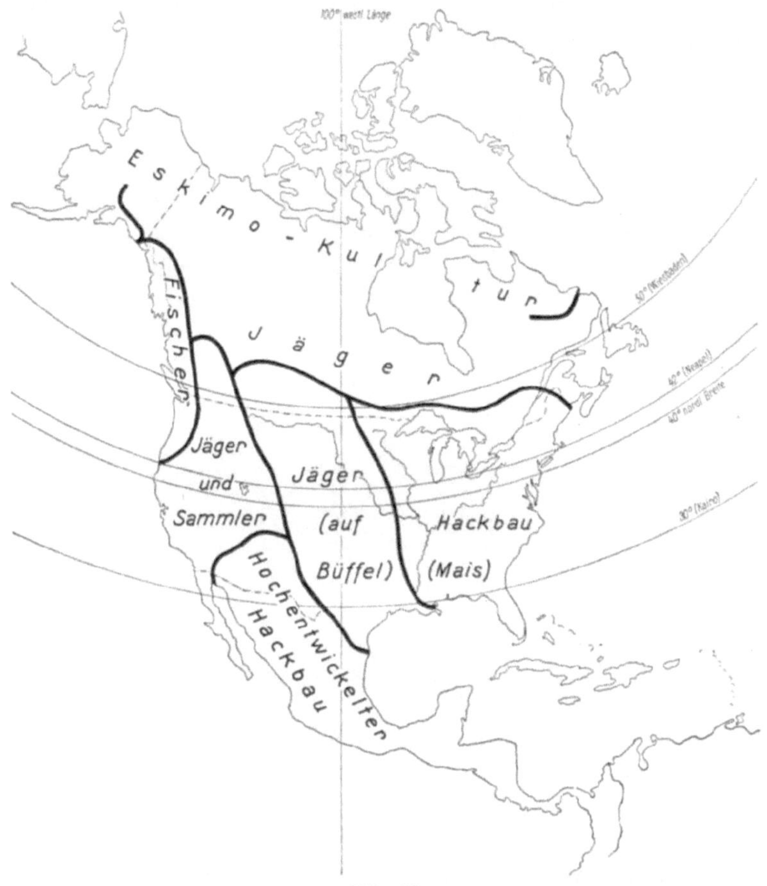

Abb. 12.
Hauptkulturgebiete der Eingeborenen (nach Schmieder).

Schlächtereien — über sie her und vernichteten sie bis auf kleinste Reste, die heute in Naturschutzparks gehegt werden[1] (vgl. Abb. 13).

3. Die Besiedlung durch die Europäer.

Die Besiedlung Nordamerikas erfolgte gemäß Abb. 14 im wesentlichen durch drei Nationen: Spanier, Franzosen und Angelsachen, zu denen

[1] Über die Kämpfe der Weißen gegen die Indianer vgl. „Das Grenzerbuch" von v. Gagern.

noch Russen und Deutsche nebst anderen Germanen hinzutraten, dazu kamen früher noch die Neger und es kommen gegenwärtig Südeuropäer und Westasiaten, Chinesen und Japaner hinzu. Um kurz zu zeigen, in was für Gebiete klimatischer Art die verschiedenen Kolonisatoren eingewandert sind und welche natürlichen Grundlagen für ihr Wirtschaftsleben sie daher vorfanden, ist auf die Abb. 4 zu verweisen, aus der die natürliche Pflanzenwelt und die wichtigsten heutigen Landwirtschaftszonen zu ersehen sind, man beachte hierbei vor allem die Prärien

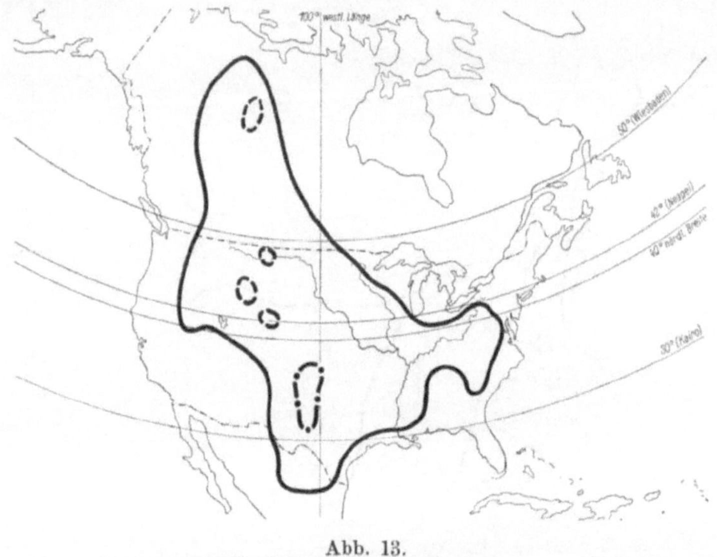

Abb. 13.
Die Vernichtung des Büffels.

(mit ihrer extensiven Viehwirtschaft) und die Baumwollzone (mit ihrer Plantagen-Negerwirtschaft) im Gegensatz zu den Getreidebaugebieten.

Die Spanier haben seit dem 16. Jahrhundert von Mexico und den Inseln her versucht, das nördliche Festland zu kolonisieren, sie sind bis zur Chesapeake-Bai vorgestoßen, haben aber im Osten außer in Florida nur an den Küsten entlang Fuß gefaßt. Im Westen besetzten sie große Teile des Landesinnern (Neu-Mexico, Texas) und stießen an der Küste entlang bis gegen Alaska vor, doch war dieser Ausdehnungsdrang teilweise auf politische Erwägungen zurückzuführen, man mußte nämlich gegen das Vordringen der Russen (von Alaska her) und der Franzosen (im Mississippi-Becken) Stellung nehmen. Die Spanier sind heute aus den für unsere Betrachtungen maßgebenden Gebieten nahezu verdrängt. Ihr kolonisatorischer Einfluß ist gering, da die Spanier, wie in ihren anderen tropischen und subtropischen Kolonien, nur eine dünne Oberschicht bildeten, während die Indianer die wirtschaftlich produktive Masse blieben, Spanien hatte eben, infolge der Jahrhunderte hindurch wütenden Kriege, nicht die völkische Kraft, um größere Menschenmengen in seine Kolonien zu entsenden. Städtebaulich ist aber der spanische Einfluß noch in der Architektur zu merken, und ein spanischer Bauart nachempfundener „Kolonial-Stil“ war eine Zeitlang sogar in den Gebieten Nordamerikas Mode, die sehr kalte Winter haben.

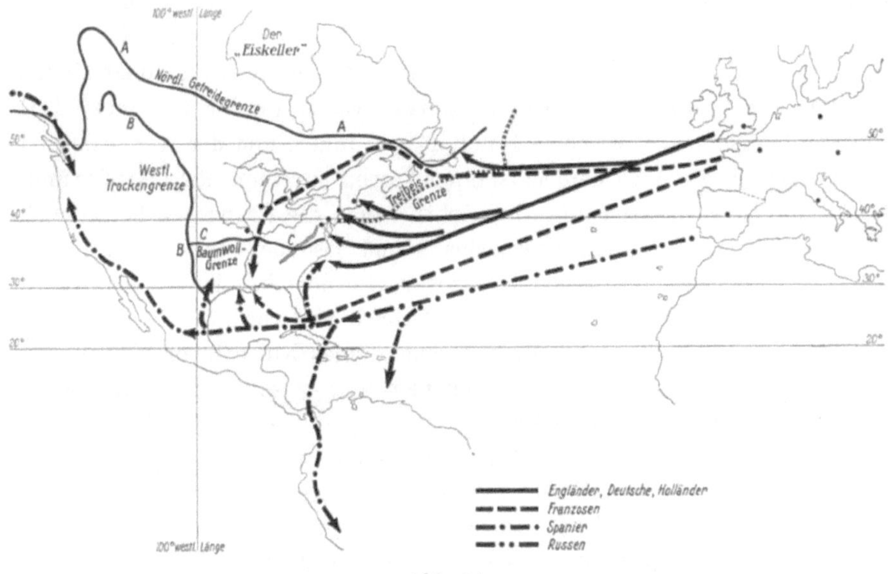

Abb. 14.
Die Anmarschwege der europäischen Kolonisation.

Die Franzosen besetzten zuerst das Mündungsgebiet des St. Lorenz-Stroms, also ein sehr nördlich gelegenes Gebiet. Von hier folgten sie (nach vielen Rückschlägen) dem großen Tal dieses Stroms, und um 1670 war das Gebiet der großen Seen in ihrer Hand. Vom Oberen See aus erschloß La Salle das Mississippi-Becken, und 1718 wurde an der Mündung dieses Stroms New Orleans gegründet. Der Mississippi ist also — ähnlich wie später der Kongo — nicht auf dem „natürlichen“ Weg vom Meer und der Mündung her, sondern von seinem Quellgebiet her entdeckt worden. Auch die Besiedlung des Mississippi-Beckens ist nicht von dem Mündungsgebiet her erfolgt, vielmehr sind die Spanier und später die Franzosen durch das verwilderte Delta des Flusses und die Versumpfung des flachen Schwemmlandes abgeschreckt worden, noch heute kranken trotz ungeheuren Aufwands für wasserwirtschaftliche Arbeiten die Schiffahrt, der Flußbau und der

Städtebau stark an diesen ungewöhnlich ungünstigen Verhältnissen, wie sumpfig das Gelände weithin ist, wird z. B. dadurch beleuchtet, daß man die Toten in New Orleans nicht unter der Erde, sondern in aufgeworfenen Grabhügeln über der Erde beisetzt.

Obwohl den Franzosen also zwei große Ströme mit einer kaum merkbaren Wasserscheide für ihre Kolonisation zur Verfügung standen, und obwohl ihnen, abgesehen von den klimatischen Schwierigkeiten, keine erheblichen Hindernisse in den Weg traten, haben sie das Land nicht eigentlich besiedelt. Offensichtlich reichte hierzu die völkische Kraft Frankreichs nicht aus, das Land konnte ebenso wie Spanien nicht genug Bauern in seine Kolonien senden, die dort eine zweite Heimat finden wollten, die französischen Kolonisatoren waren (außer in einem Teil Canadas) Missionare, Fischer, Händler und Jäger, und die französischen Feudalherren, die nach den Südstaaten kamen, strebten nach Großgrundbesitz mit Sklavenwirtschaft. Immerhin treten die Franzosen heute noch in den Südstaaten, z. B. in New Orleans und besonders in Canada, in Erscheinung, wo sich die 65 000 Franzosen, die dort bei der Abtretung an England (1763) wohnten, auf 3 000 000 (nach anderen Angaben auf nur 2 500 000) vermehrt haben und ein eigenes hohes Kulturleben führen.

Die Kolonisation der Engländer war wesentlich erfolgreicher, und zwar aus folgenden Gründen:

Als die Engländer gegen Ende des 16. Jahrhunderts kolonisatorisch gegen Nordamerika vorstießen, waren die südlichen Eingangspforten von den Spaniern, die nördliche von den Franzosen schon besetzt, die Engländer mußten sich also zwischen diese beiden, damals noch recht mächtigen, Rivalen einschieben. Dieser Zwang schlug zu ihrem Glück aus, denn sie kamen hiermit an ein Küstengebiet, das, wie oben ausgeführt, für die Ansiedlung von Weißen als Bauern besonders günstig ist. Die germanische Einwanderung wurde nun durch bestimmte politische und wirtschaftliche Verhältnisse stark gefördert, die an sich mit einem entsetzlichen Elend für den alten Kontinent, namentlich für England, Irland und Deutschland, verbunden waren, sich für den neuen Kontinent aber zum Segen auswirkten.

Die in England schon früh erfolgte Abschaffung der Leibeigenschaft hatte die Verbundenheit des Bauern mit der heiligen Mutter Erde gelockert und eine Ausdehnung des Großgrundbesitzes bewirkt. Dieser pflegte zunächst den Ackerbau, und zwar hauptsächlich mit kleinen Pächtern. Als sich aber die Wollindustrie in England schnell entwickelte, wurde es für die großen Grundherren vorteilhafter, den Ackerbau aufzugeben und sich der Schafzucht zu widmen, zu diesem Zweck mußten sie die kleinen bäuerlichen Pächter loswerden (mit mehr oder weniger

Zwang vertreiben), aus Feldern wurden Weiden, aus Dörfern Ruinen — man sieht, wohin es führt, wenn man wähnt, „wirtschaftliche" Fragen nur vom „wirtschaftlichen" Standpunkt aus lösen zu können! Die Bauern, von Haus und Hof vertrieben, strömten als Proletariat in die Städte, verfielen hier dem Elend der Arbeitslosigkeit, so daß sie schließlich die einzige Rettung in der Auswanderung sahen.

Hierzu schreibt Prof. Schmieder (a. a. O. S. 27):

„Die englische Arbeitslosigkeit des siebzehnten Jahrhunderts war im wesentlichen auf die rücksichtslose wirtschaftliche Einstellung der englischen Großgrundbesitzer zurückzuführen. Der Arbeitslosen nahm sich niemand an, und der Mangel an sozialer Fürsorge trieb sie zur Auswanderung in die Neue Welt, wo sie dem Mutterland ein neues mächtiges Reich schufen. Die Verhältnisse lagen damals ganz anders als heute, wo England die Millionen seiner Arbeitslosen durch Fürsorge von der Auswanderung abhält, obgleich seine überseeischen Dominien zum Teil noch in hohem Grad durch Menschenleere gefährdet sind. Zu denen, die aus wirtschaftlichen Gründen die alte Heimat verließen, gesellten sich Angehörige unterdrückter Religionsgemeinschaften, wie Katholiken, Puritaner, Quäker, Presbyterianer und Baptisten von den Britischen Inseln, Lutheraner, Mährische Brüder, Mennoniten, Hugenotten, Salzburger von dem Kontinent, denen die englischen Kolonien im Gegensatz zu den spanischen und portugiesischen offenstanden."

In Irland trieb Oliver Cromwell eine regelrechte Ausrottungspolitik, er nahm der Bevölkerung drei Viertel ihres Landbesitzes und gab sie englischen Großgrundbesitzern. Im Jahr 1841 betrug die Bevölkerung des vollkommen verarmten Lands immerhin noch 8 200 000 Menschen, dann wurde die Not aber immer größer, die Hungersnot von 1846/47 erforderte mehr als eine Million Todesopfer und zwang Hunderttausende zur Auswanderung, von 1821 bis 1900 sind 4 224 000 Irländer nach Nordamerika ausgewandert.

Zu der Auswanderung aus Großbritannien und Irland kam die aus anderen germanischen Ländern Europas, namentlich aus Deutschland, hinzu. Sie setzte vor allem nach dem furchtbaren Elend des Dreißigjährigen Kriegs und der Raubkriege Ludwigs des Vierzehnten ein, namentlich hat die Verwüstung der Pfalz viele aus der Heimat vertrieben. Dieses für Deutschland so traurige Kapitel unserer Geschichte ist trefflich bearbeitet von Friedrich Kapp: „Geschichte der deutschen Einwanderung in Amerika", 2. Auflage, Verlag von E. Steiger, New York 1868.

Eine zweite Welle deutscher Einwanderung folgte nach den Freiheitskriegen, zu deren Beginn der großen Mehrheit des preußischen (deutschen) Volks, nämlich der Landbevölkerung, persönliche Freiheit und Anteil am vaterländischen Boden zugesagt worden war. Wie aber die Versprechungen gehalten worden sind und wie sich die Umdeutungen ausgewirkt haben, darüber schreibt Damaschke[1]:

„Land und Freiheit!" Das waren die fruchtbaren Worte, die das preußische Volk zu den unerhörten Taten von 1813 bis 1815 in die Höhe rissen. Aber nun kommt die Stunde, die wir heute klarer denn je als die Schicksalsstunde in unserer

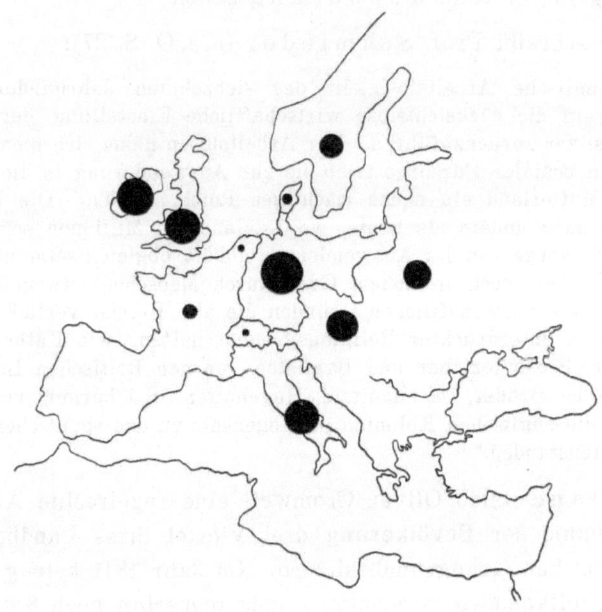

Abb. 15.
Auswanderung aus Europa in die Vereinigten Staaten 1821—1910.

Deutschland	5 390 000
Irland	4 224 000
England u. Schottland	3 623 000
Öst.-Ungarn	3 177 000
Italien	3 690 000
Rußland	2 516 000
Skandinavien	1 691 000
Frankreich	476 000
Dänemark	261 000
Schweiz	236 000
Holland	181 000
Übriges Europa etwa	700 000

Entwicklung erkennen. Als die Gefahr für die Herrschenden gebannt erschien, als Napoleon auf St. Helena saß, hat man dem Volk die feierlichen Zusagen nicht gehalten! Man hat ihm nicht die Verfassung gegeben, die in der Stunde der Gefahr versprochen worden war, und in der unglückseligen Deklaration zum Bauernbefreiungsedikt vom 29. Mai 1816 hat man die große Zusage: „Land!" verkümmert, verengt, zum Teil ins Gegenteil verkehrt. — Genug! Von 1816 bis 1870 sind allein in den alten preußischen Provinzen östlich der Elbe eine Million Hektar Bauernland verlorengegangen an den Großgrundbesitz. Millionen

[1] Adolf Damaschke, Deutsche Bodenreform, Verlag Reclam jr.

unserer Volksgenossen wurden entwurzelt. Der Dichter der norddeutschen Bauernschaft, Fritz Reuter, hat in seinem Epos „Kein Hüsung“ den arbeitswilligen und arbeitsfreudigen deutschen Menschen geschildert, der in die Schuld hineinverstrickt wird, weil Herrenlaune ihm kein Hüsung, keine Heimstätte auf dem Boden seines Vaterlands gewährt.

Wie haben sich das die Bauern gefallen lassen? Warum ist kein Bauernkrieg entstanden? Zu derselben Zeit haben die Vereinigten Staaten von Amerika ihre Heimstättenpolitik begonnen. Etwa von 1820 bis 1880 erhielt in der Union jeder, der Urwald oder Prärieland kultivieren wollte, 40 Hektar Land umsonst oder gegen geringes Entgelt. Da sind aus dem Gebiet des Reichs 5 600 000

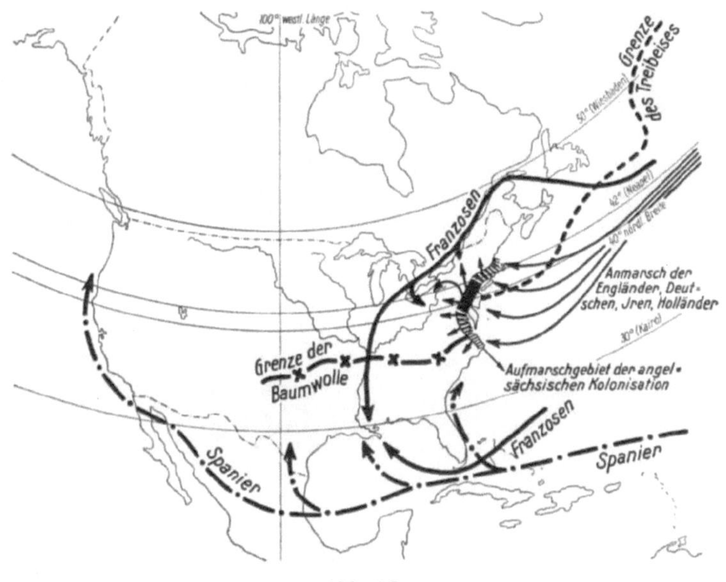

Abb. 16.
Die Kolonisationsvorstöße der Europäer.

Deutsche, und in der Hauptsache Tatkräftige, Starke ausgewandert, und 90 % von ihnen haben drüben die Heimstätten gesucht, die das Vaterland versagte. Wer da weiß, wie kinderreich gerade Ansiedlerfamilien sind, der weiß, wie viele Millionen Menschen wir dem Angelsachsentum damit geschenkt haben! Und wer Weltgeschichte unmittelbar erleben will, muß einen Augenblick still überlegen: Söhne und Enkel dieser 5 600 000 sind es gewesen, die in den Schicksalstunden von 1918 die Entscheidung gegen das alte Reich des Großgrundbesitzes herbeigeführt haben! Von den amerikanischen Offizieren, die in Trier einritten, waren 40 % deutschamerikanischer Herkunft! Da wird vor uns lebendig das alte Bibelwort von den Sünden der Väter, die heimgesucht werden an den Kindern bis ins dritte und vierte Glied.“

Von 1821 bis 1910 sind aus Großbritannien (ohne Irland) nur 362 300, aus Deutschland aber 5 390 000 nach der Union ausgewandert! Für die Zeit von 1821 bis 1890 ist die Auswanderung aus Europa in die Vereinigten Staaten in Abb. 15 dargestellt.

4. Die Entwicklung der Besiedlung in dem „Aufmarschgebiet“ (vgl. Abb. 16 und 17).

In dem Bestreben, hier nur das für unseren Zusammenhang Wichtigste herauszuheben, braucht auf die Einfuhr der Neger mit ihren bösen Folgen und auf die Einwanderung der Ostasiaten nicht besonders eingegangen zu werden, desgleichen nicht auf die Besiedlung der typischen Jagd- und Bergbaugebiete. Es genügt, wenn die Entwicklung in dem

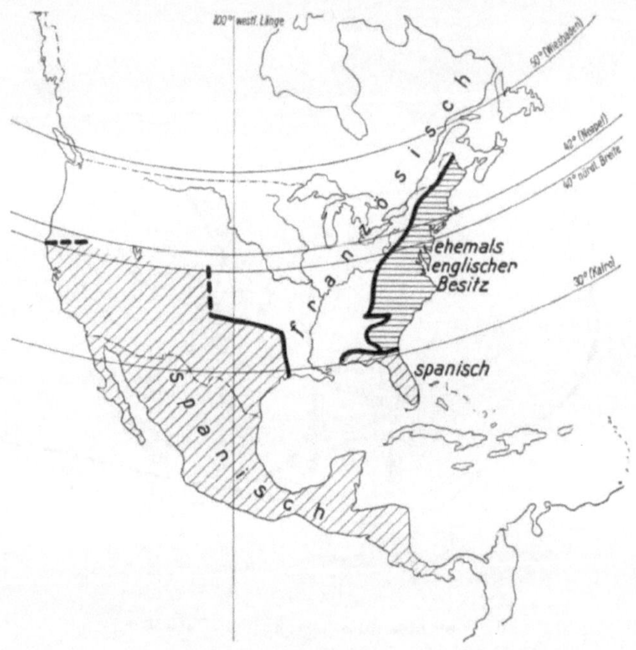

Abb. 17.
Die politische Gliederung im Beginn der Kolonisation.

„Aufmarschgebiet“, und zwar getrennt nach Süd und Nord, der Zug nach dem Westen, der Rückgang der Landwirtschaft, das Hochkommen von Handel und Industrie und in Verbindung hiermit die Landflucht und Verstädterung erörtert werden. Hierbei ist auf die Abbildungen 17a, 18 und 19 zu verweisen.

Das Aufmarschgebiet der nordeuropäischen Rasse, von Boston bis Norfolk reichend (900 km lang, 350 km breit, 320 000 qkm groß), bietet die geographischen Grundlagen für eine erfolgreiche Besiedlung mit weißen Bauern, die klimatischen Schwierigkeiten waren nur gegen Süden kritisch, hätten sich aber — wenn nicht im Flachland der Küste, dann jedenfalls gegen das Gebirge zu — überwinden lassen.

Und auch die M e n s c h e n , die dort einwanderten, waren zum größten Teil g u t , diese Engländer, Iren, Holländer, Franzosen waren gesund, tüchtig, fleißig, nüchtern, ehrlich, viele sind gekommen, ob ihres Glaubens aus der Heimat vertrieben. Aber diese kleinen Bauern, Arbeiter, Handwerker kamen vielfach o h n e einheitliche F ü h r u n g und ohne die Stütze einer hohen vaterländischen Tradition, und dann hat eine

Abb. 17a.
Karte der Vereinigten Staaten 1784.
Die Zahlen geben das Jahr der Gründung an. Man beachte den scharf ausgeprägten Vorstoß (der Franzosen) in dem Seengebiet und oberen Mississippi. Die Karte zeigt, daß die geographischen Gebilde des Landesinneren noch wenig genau erforscht waren.

straffe und mißtrauische Regierung (Englands) die Kolonisten am Gängelband geführt und (mit dem industriellen) auch das politische Leben unterdrückt. So hat es dem jungen Land an P e r s ö n l i c h k e i t e n g e f e h l t , die vom hohen nationalen Standpunkt aus w i r k l i c h F ü h r e r h ä t t e n s e i n k ö n n e n . Das Siedlungs- und Verkehrswesen ist daher von dem kritischen Zeitpunkt, nämlich von dem Beginn des B e r g b a u s (1820) und dem Anfang der E i s e n b a h n (1830) ab nicht in die richtigen Bahnen gelenkt worden. Statt dessen haben

„Politiker“ und „Kapitalisten“ das Land und Volk zu ihrem persönlichen Vorteil geleitet, — gegen sie führt heute der Präsident Roosevelt seinen verzweifelten Kampf um die Rettung des Lands.

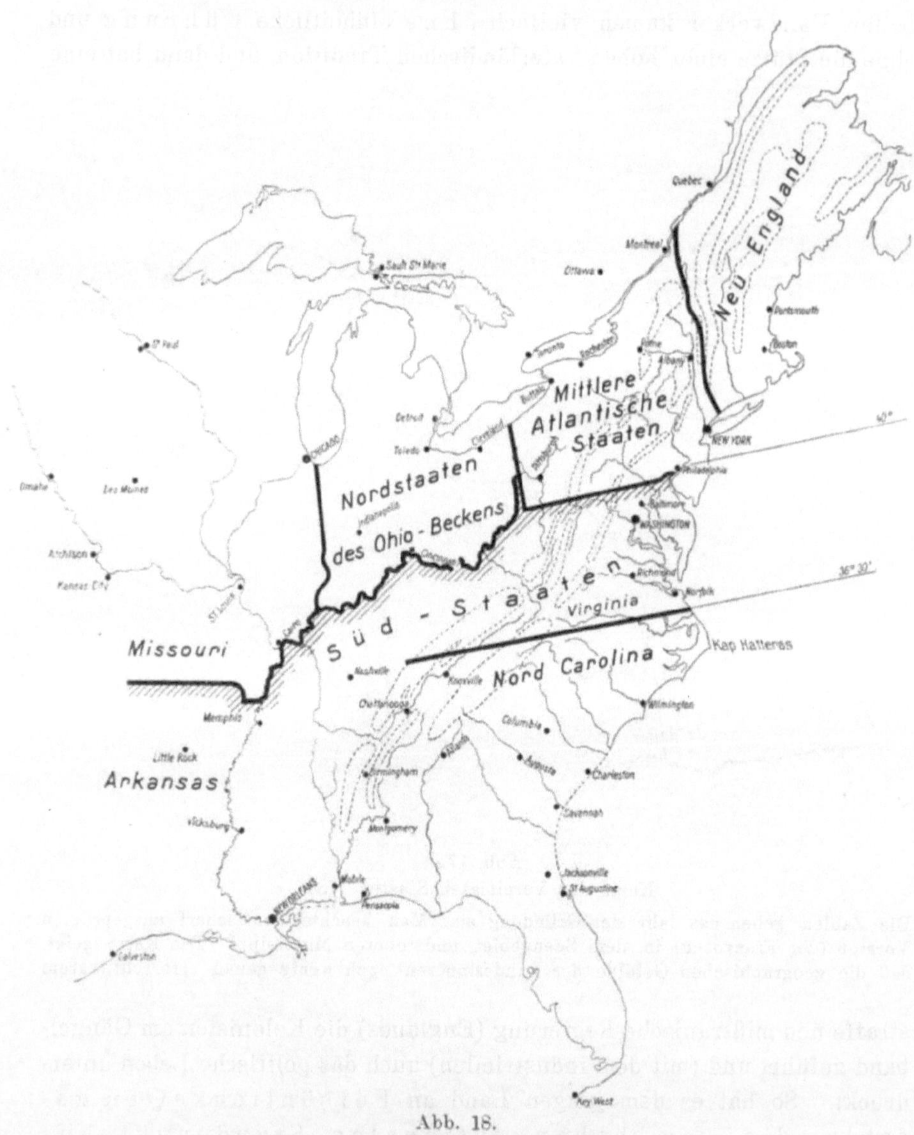

Abb. 18.
Die Gliederung des Ostens nach Staatengruppen.

Unter den Kolonisten gab es aber Männer, die Führer hätten werden können, nämlich die Vertreter des französischen und englischen Adels, die teilweise aus edlen Motiven drüben eine neue Heimat suchten, leider haben aber gerade sie, ihren Traditionen und in den Südstaaten auch dem Klima entsprechend, den Großgrundbesitz gefördert und sind dann zur Plantagen- und Sklaven-Wirtschaft gekommen.

Man darf hier aber erwähnen, daß die Aristokraten des Südens tatsächlich stärkere Führernaturen waren, als die Händler und Industriellen des Nordens, dies hat sich im Freiheitskrieg und sogar noch im Bürgerkrieg gezeigt, in dem der Süden infolge der besseren Führung zunächst siegreich war und erst unterlag, als der Krieg zum „Krieg der Technik“ gemacht worden war.

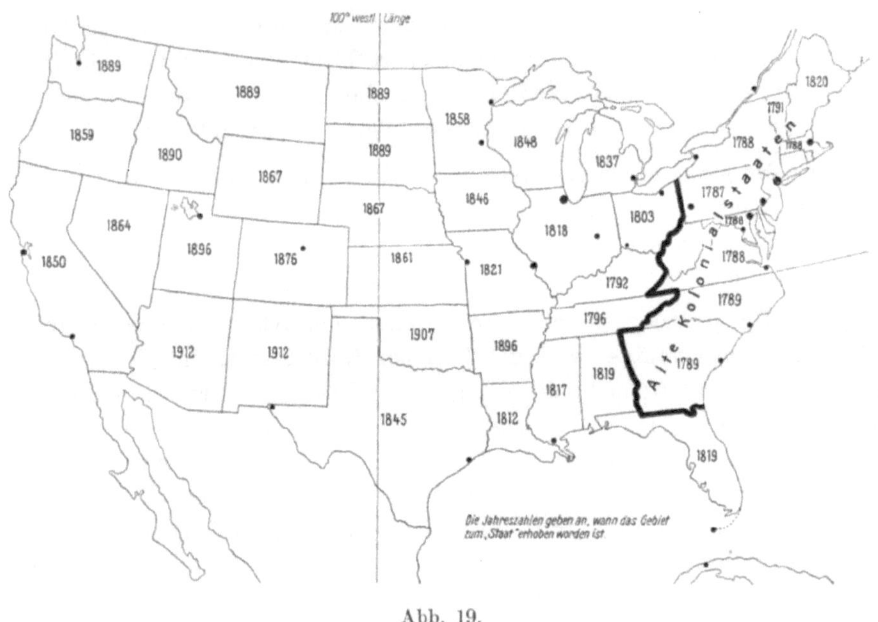

Abb. 19.
Politische Entwicklung der Union.

Die **Südstaaten** sind für unseren Zusammenhang (abgesehen von ihrer heutigen Bedeutung als Ausgangsraum für die Auswanderung der Neger in die Nordstaaten) von geringer Wichtigkeit, denn die Plantagen- und Sklaven-Wirtschaft hat infolge ihrer geringen wirtschaftlichen Kraft wenigstens die gute Folge gehabt, daß hier keine Riesenstädte entstanden sind, so daß man hier Siedlung und Städtebau noch in gesunde Bahnen lenken kann.

Über die Bevölkerung des Südens sei kurz bemerkt:

Die Indianer wurden aus dem Küstengebiet schnell vertrieben, sie haben sich aber in den Blauen Bergen lange gehalten, weil diese zu unwegsam waren, so daß der Weiße (der Hinterwäldler oder Grenzer) auf den Handel mit den Indianern angewiesen war, Hauptgegenstände des Handels waren Pelze, Feuerwasser und Schießpulver.

Die Weißen gliederten sich im Süden in drei Gruppen:

a) die großen Landbarone, die im Stil europäischer Feudalherren ihre Latifundien mittels Sklaven, je Herrschaft 500 und mehr an Zahl, bebauten, wobei anfangs der Tabak, später die Baumwolle eine große Rolle spielte,
b) Großgrundbesitzer (zum Teil die jüngeren Söhne der ersten Klasse), die immerhin noch Güter von 50 Sklaven bewirtschafteten,
c) die „armen Weißen", von den beiden ersten Gruppen durch eine tiefe soziale Kluft geschieden, rechtlos und besitzlos, kleine Handwerker und Händler, — aus den Tatkräftigsten von ihnen rekrutierten sich die „Hinterwäldler" und „Waldläufer".

Die Neger, rechtlose Sklaven. Sie wurden übrigens im allgemeinen leidlich behandelt. Die Greuelmärchen sind größtenteils von geschäftstüchtigen Politikern und Drahtziehern erfunden und übertrieben worden.

Der Bürgerkrieg ist nicht nur wegen der Sklavenfrage ausgebrochen, noch weniger war das Ziel der Nordstaaten, die Sklaven zu befreien. Es war vielmehr die kriegerische Lösung der wirtschaftlichen Spannung zwischen dem wirtschaftlich vielseitigen Norden, der Ackerbau pflegte und seine Industrie und Schiffahrt weiterentwickeln wollte, und dem wirtschaftlich einseitigen Süden, der im Plantagenbau fast nur Baumwolle (und Tabak) erzeugte. Der Norden mußte für Schutzzoll sein, um seine junge Industrie zu fördern, der Süden für Freihandel, da er seine Baumwolle im Ausland absetzen mußte und Industrieerzeugnisse billig einführen wollte. — Die Neger haben in den ersten Jahren des Kriegs (1861 bis 1863) meistens treu zu ihren „angestammten" Herren gestanden, die Aufhebung der Sklaverei durch Gesetz der Nordstaaten erfolgte erst am 1. Januar 1863.

Abgesehen von den ungünstigen völkischen Verhältnissen, litt die Landwirtschaft schwer unter dem Raubbau, den die Tabak- und Baumwollpflanzer des Piedmonts so stark trieben, daß schon vor 1850 der Boden erschöpft war, und daß man (beim Steigen der Baumwollpreise) zum intensiven Anbau übergehen mußte. Dies gelang aber erst seit 1858, nämlich erst nach dem Bau von Eisenbahnen von der Küste ins Innere, da man nur mit diesem billigen Verkehrsmittel die großen Massen des benötigten Düngers (Guano) in das Landesinnere schaffen konnte.

— Welche Unterschiede in der Wirtschaftskraft und der Verkehrserschließung zwischen Nord und Süd bestanden, ergibt sich daraus, daß im Norden schon 1845 der Bau der Pacificbahn ernstlich erwogen, daß schon 1856 der Mississippi von der Lokomotive überschritten, und daß die Pacificbahn schon 1863 bis 1869 geschaffen worden ist, während im Süden die Appalachen erst 1883 überschient worden sind.

Über die Industrialisierung der Südstaaten, die natürlich auch das Verkehrswesen stark beeinflußt hat, sei kurz bemerkt:

Bis etwa 1840 hat der Alte Süden die Industrie außer der Holzverarbeitung nur wenig gepflegt, die wichtigste Grundlage der Wirtschaft war die Baumwolle, die aber als Rohstoff nach Übersee, besonders nach Neu-England, verkauft wurde, denn die Landbarone hatten ihr ganzes Kapital in die Plantagen gesteckt und für Industrie kein Geld, und die Neger galten nicht als gute Fabrikarbeiter. Weiße Arbeiter aber hatten keinen Anreiz, in die Südstaaten zu kommen, denn die soziale Stellung des „poor white" zwischen dem Landherrn und dem Neger war äußerst ungünstig.

Erst nach 1850 kam die Baumwollindustrie in größerem Umfang auf, der Alte Süden wurde hiermit das erste Land, das Baumwolle gleichzeitig produzierte und verarbeitete. Die nun, insbesondere nach dem Bürgerkrieg (1864) doch zur Zuwanderung veranlaßten „armen Weißen" und die Neger waren wesentlich bescheidener als die Fabrikarbeiter des schon früher industrialisierten Nordens. Die Baumwollindustrie stützte sich hierbei zuerst auf die Wasserkräfte, später auch auf die Kohle, hierdurch ist die Dezentralisation begünstigt worden. Heute hat der Alte Süden als Textilproduzent den Neu-England-Staaten den Rang abgelaufen, aber außer Baltimore gibt es dort keine Riesenstädte. Baltimore, wichtiger Hafen für mittelgroße Seedampfer, Zentrum der Bekleidungsindustrie und Sitz einer eigenartigen Stahlindustrie, die überseeische (!) Erze (aus Algier, Chile, Cuba, Schweden) mit pennsylvanischen Kohlen und Kalken verarbeitet, hat lange mit Boston um den Rang der drittgrößten Stadt der Union gekämpft, es hatte 1930 rd. 800 000 Einwohner, überschreitet die kritische Grenze (700 000) also nur wenig, zeigt aber in den Vierteln der Farbigen, der „poor whites" und der „dirty whites" (dago's) ein entsetzliches Wohnungselend[1].

[1] Die amerikanische Bezeichnung ist „dirty white". Die direkte Übersetzung würde also „schmutzig-weiß" zu lauten haben. Das Wort „schmutzig" enthält aber (vom äußerlichen wie vom innerlichen Standpunkt) eine herabsetzende Kritik, das Wort „dirty" braucht diese nicht zu enthalten, wir wenden daher, um uns von solcher Kritik fernzuhalten, die Bezeichnung „dunkel-weiß" an.

Von den übrigen Städten des Alten Südens sind zu nennen: Richmond mit 183 000, Norfolk mit 130 000, Savannah mit 85 000, Charleston mit 62 000 Einwohnern.

Gewisse Teile der Südstaaten haben heute einen hochentwickelten Gartenbau auf Obst und Gemüse, der sich auf gute Böden, günstiges Klima, niedrige Landpreise und geringe Ansprüche der Bevölkerung und vor allem auf die (bisherige) Aufnahmefähigkeit der nördlichen Riesenstädte stützt. Auf dieser Grundlage hat sich auch eine kräftige heimische Konservenindustrie entwickelt.

Wäre das Farbigen-Problem nicht, so müßte man die sozialen Verhältnisse der Südstaaten als wesentlich günstiger als die anderer Landesteile bezeichnen. — Bemerkenswert ist, daß diese Teile der Union so vielen, die über „Nordamerika" schreiben, anscheinend unbekannt sind.

Für unseren Zusammenhang ist aber der **Norden** wichtiger als der Süden, weil er der Hochsitz der weißen Rasse und der Wirtschaft ist. Vom Norden soll die Entwicklung Neu-Englands besonders dargestellt werden, weil dieser Landesteil infolge seiner längeren Geschichte die Schäden klarer hervortreten läßt als die geschichtlich jüngeren Gebiete. Wir folgen hierbei der ausgezeichneten Darstellung Schmieders (a. a. O. S. 68).

Wenn man die Geschichte der Besiedlung der Nordstaaten planmäßig beschreiben wollte, müßte man drei Teile unterscheiden:

1. Neu-England,
2. die Hudson-Mohawk-Senke, also etwa den heutigen Staat New York,
3. Pennsylvanien.

Wir beschränken uns nachstehend bewußt auf Neu-England, weil wir einseitig die schädlichen Folgen der verfehlten Siedlungspolitik darstellen wollen.

In einer vollständigen Untersuchung wären hervorzuheben:

für den zweiten Teil: einerseits die außerordentliche verkehrsgeographische Gunst der Hudson-Mohawk-Senke, andererseits die ungünstigen (verzögernden) geschichtlichen Momente,

für den dritten Teil: einerseits gewisse ungünstige geographische Erscheinungen, andererseits das sehr günstige Moment des starken deutschen Einschlags.

Auf die wichtigsten dieser Fragen werden wir an passenden Stellen eingehen.

In Neu-England waren natürlich im Anfang auch Schwierigkeiten klimatischer und politischer Natur zu überwinden, man hatte aber die

Chance, daß man an die Bodenkultur der Indianer anknüpfen konnte. Von Anfang an war Grundlage der Siedlung das Dorf, dies ist wichtig, denn die zerstreute Siedlung (Hof, Weiler, Farm) bringt große Schwierigkeiten für Wege und Schulen mit sich, die, wie wir noch sehen werden, verhängnisvoll werden können. Von Anfang an wurde ferner dem Entstehen des Großgrundbesitzes entgegengewirkt, der Charakter der bäuerlichen Siedlung wurde also gewahrt, — allerdings arbeitete man auch in beschränktem Umfang mit Sklaven (Indianern, Negern und weißen „Kontrakt-Zeit-Sklaven"). Von Anfang an herrschte der freie Grundbesitz, Versuche, das englische Lehnswesen und Pachtsystem einzuführen, wurden unterdrückt. Diese gesunden Maßnahmen hatten eine starke Bevölkerungszunahme zur Folge, so daß immer mehr neue Dörfer angelegt werden mußten. Diese gesunde Erschließung der Landschaft durch einen kräftigen angelsächsischen Bauernstand hatte 1830 ihren Höhepunkt erreicht.

Dann aber kam der Umschwung, der durch folgende Erscheinungen zu charakterisieren ist:

1. Der Landhunger hatte zu einer unzulässigen Vernichtung des Waldes geführt, die durch die starke Nachfrage nach Holz (für den Schiffbau) noch gesteigert wurde, Aufforsten unterblieb als nicht lohnend.

2. Neben die geschlossene Dorfsiedlung trat in zunehmendem Maß die zerstreute Siedlung der Farm, die höhere Aufwendungen erfordert.

3. Neben der Landwirtschaft kamen Gewerbe und Handel, Fischfang und Fischverwertung, Schiffbau und Handelsschiffahrt, Export von Holz (nach England und Westindien) auf. Die Baumwollindustrie breitete sich, gestützt auf den in den Südstaaten erzeugten Rohstoff, schnell aus. Der Schwerpunkt der Bevölkerung verschob sich nach der Küste, d. h. nach den Städten, die Waldverwüstung nahm aus Handels- und industriellen Gründen zu. Die hohen Löhne verursachten die Landflucht, schon 1840 — also früher als in Deutschland! — war die landwirtschaftliche Bevölkerung Neu-Englands in Abnahme begriffen!

4. Die Handelsschiffahrt blühte außerordentlich auf, die Flotte Neu-Englands konnte 1826 schon 92,5 % des Gesamt-Außenhandels der Union bewältigen (1900 nur noch 9,3 %), sie vermittelte den Verkehr nach Europa, Afrika, Westindien (Sklaven). In den Hafenstädten entstand immer mehr Industrie. Diese koloniale Handelsperiode hat den Sinn des Neu-Engländers stark auf Erwerb und Sucht nach Reichtum ein-

gestellt, nichts aber ist dem Bauerntum so schädlich wie der mammonistische Geist des ganzen Volkes.

5. Die Landflucht wurde verstärkt durch die geringer werdenden Erträge der zu primitiv betriebenen Landwirtschaft, für intensivere Bearbeitung fehlte es aber an Kapital und Arbeitskräften, auch war die Waldverwüstung zu weit getrieben.

6. Dann kamen für den Bauern Absatzkrisen: der Holzschiffbau Neuenglands litt schwer unter dem Wettbewerb des Eisenschiffbaus des Mutterlands, die Handelswege verlagerten sich nach New York (s. o.), die Kaufkraft der Städter ließ also nach. Gleichzeitig wurde aber schon der Wettbewerb der landwirtschaftlichen Erzeugnisse aus den neu erschlossenen Gebieten fühlbar. Die schon 1800 begonnene Auswanderung nach dem Westen, wo man fruchtbares Land billig erwerben konnte, verstärkte sich.

Schmieder schreibt: „Der Verfall der Landwirtschaft Neu-Englands hatte eingesetzt und geht noch in der Gegenwart weiter vor sich ... Als um etwa 1850 die Industrialisierung der Dörfer und Städte so weit vorgeschritten war, daß sie aufnahmefähige Märkte für landwirtschaftliche Erzeugnisse darboten, war es zu spät ... Eisenbahnen verbanden bereits die Industriegebiete Neu-Englands mit dem landwirtschaftlichen Mittelwesten ... Zahlreiche Farmen wurden aufgegeben und verfielen ... Seit 1870 macht sich überdies der zunehmende Wohlstand in den industrialisierten Städten bemerkbar, und wenn die ländliche Bevölkerung auch nicht mehr weiter nach dem Westen wanderte, so setzte dafür der Zug vom Land zur Stadt ein. Das Land entvölkerte sich, und die Städte wuchsen, denn sie erhielten nicht nur den Zulauf der ländlichen Bevölkerung, sondern empfingen auch den Strom moderner europäischer Masseneinwanderung. In einer Landschaft, deren Bevölkerung noch vor 150 Jahren rein ländlich war, leben heute 80 % der Bewohner in Städten" ...

Wie ungünstig die Verteilung ist, ergibt sich aus Abb. 19a, die die Neu-England-Staaten nebst den Riesenstädten New York und Philadelphia umfaßt und die Bevölkerung in flächentreuen Kreisen darstellt. Man erkennt die Zusammenballung der Menschenmassen in den Hafenstädten und die Leere des Hinterlands, — der Fläche nach ist die Hälfte des Gebiets, nämlich der binnenländische nördliche Teil, so dünn besiedelt, daß man in der gewählten Darstellungsart (ein Punkt = x Einwohner) überhaupt nichts mehr darstellen kann. Übrigens zeigt auch das Eisenbahnnetz dieses Gebiets eine ähnlich starke Verschiedenheit seiner Dichte. — Dafür sind die nördlichen Wälder noch heute vom Silberlöwen bewohnt, — wie romantisch und naturverbunden!

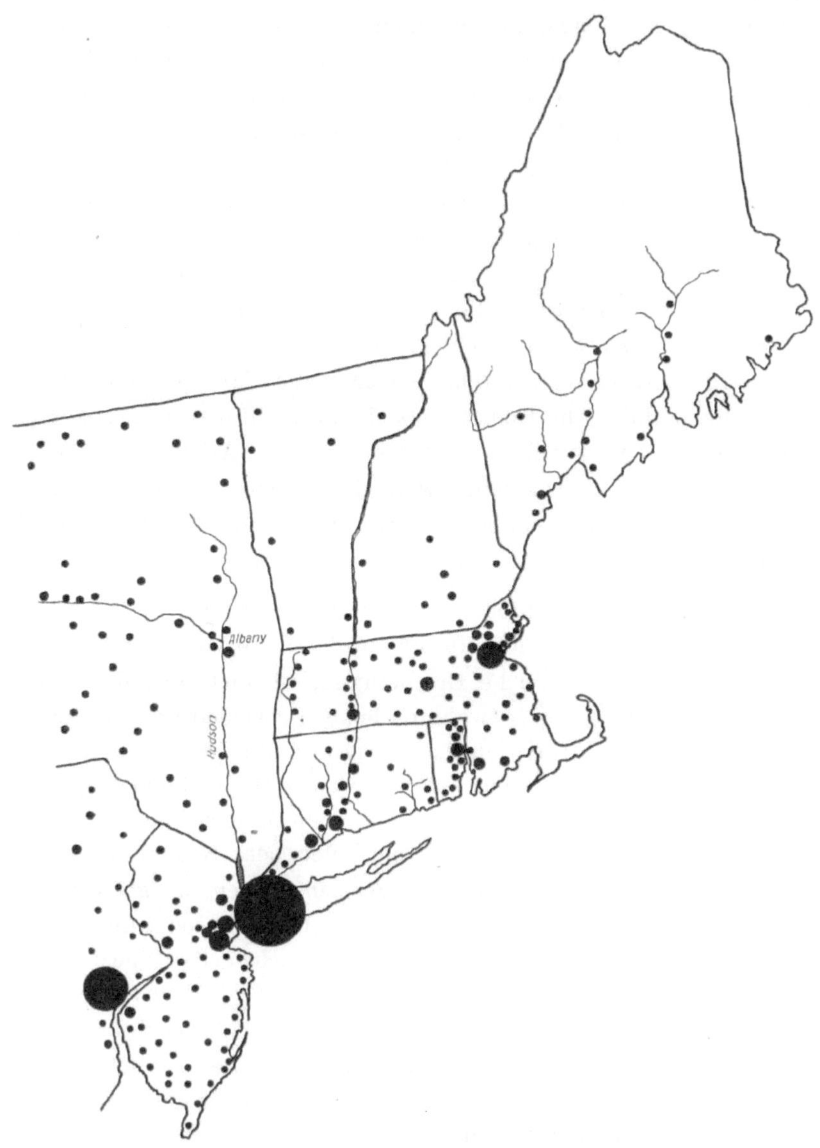

Abb. 19a.
Die Verteilung der Bevölkerung in England.

Die Industrialisierung hat auch eine völlige Verschiebung der Bevölkerungszusammensetzung hervorgehoben. Die alteingesessenen angelsächsischen Arbeitskräfte stiegen zu gelernten Arbeitern empor, und den Nachschub der Ungelernten lieferten die neuen Einwanderer, und diese bestehen seit etwa 1890 aus Polen, Portugiesen, Spaniern

Italienern Syrern, Griechen usw. Sie zeichnen sich durch große Bedürfnislosigkeit und Fleiß aus, in den Städten sondern sie sich in eignen Vierteln ab, — in denen ein furchtbares Wohnungselend herrscht! — Die Einwanderung von Slaven betrug 1860 bis 1870 nur 1,6 %, 1900 bis 1910 aber 76,7 %. Von dem echten „angloamerikanischen Edling“ werden sie als „dirty white“ oder „Dago“ verachtet und gefürchtet, sogar der Neger erlaubt sich manchmal, auf den „dunkelweißen Armen“ herabzusehen. Die Geschäftstadt und das Kapital, die Villenvororte und die Kulturstätten sind allerdings noch in den Händen der altangelsächsischen Familien, aber die verhängnisvolle Verschiebung wird immer schlimmer, zumal die angelsächsische Oberschicht kaum mehr Kinder hat, während sich die „Dagos“ rasch vermehren. — Gegen die Farbigen, die für die Weißen eine so gefährliche Konkurrenz sind, scheint man jetzt sogar mit staatlichen Mitteln vorzugehen: Die neuen sog. „Arbeitgesetzbücher“ werden von den Negern bekämpft, weil sie, natürlich in verschleierter Form, neger-feindlich sein sollen. In den Südstaaten wird planmäßig Propaganda für die Einstellung der weißen Arbeitslosen gemacht.

Die Bevölkerungsverschiebung bleibt auch nicht auf die Städte beschränkt, die Fremden dringen vielmehr auf das Land vor, und hier zeigt sich eine besonders gefährliche Erscheinung, nämlich, daß der angelsächsische Landwirt seine gewohnte hohe Lebenshaltung — seinen standard of life — nicht aufrechterhalten kann und daher fortzieht, während das fremdstämmige Element aus der Stadt auf das Land vordringt. „Farmen, die nicht genug abwerfen, um die hohen Ansprüche eines Angloamerikaners zu befriedigen, werden von Polen oder Südeuropäern, die sich als Industriearbeiter Ersparnisse gemacht haben, aufgekauft und intensiv bestellt . . . Vielfach stellt man sich auf Milchproduktion für die Stadt ein. An andern Stellen werden besonders hochwertige Spezialitäten bevorzugt“ . . . Im gleichen Sinn schreibt Präsident Roosevelt in seinem Buch „Looking forward“ über die Zustände im Staat New York: „. . . Es mag früher einmal gewinnbringend gewesen sein, ein Stück Land zu roden, um es zu bewirtschaften, heute aber, da bei uns und in andern Weltgegenden eine ungeheure Konkurrenz fruchtbaren Bodens eingesetzt hat, ist die Nutzung jener Böden unwirtschaftlich geworden . . . Ein gewisser Prozentsatz (etwa 20 bis 25 %) des bebauten Lands ist für landwirtschaftliche Zwecke nicht mehr geeignet und muß einer anderen Verwendung zugeführt — aufgeforstet werden. . . . . Zahlreiche Landwirte wirtschaften unter Bedingungen, die es ihnen unmöglich machen, einen amerikanischen Lebensstandard aufrecht zu erhalten. Ihre Kraft, ihre Gesundheit und ihre Brieftasche zerschellen an den unüberwindlichen

Schwierigkeiten, und trotzdem vergrößern sie den Überschuß an landwirtschaftlichen Produkten. Außerdem sind ihre Produkte von so geringer Qualität, daß sie den guten Ruf und die Verwertbarkeit der besseren Produkte, die nach modernen Grundsätzen erzeugt, verpackt und verfrachtet werden, schädigen. Wenn das für den Staat New York zutrifft, dann trifft es meiner Überzeugung nach ebenso auf fast alle Staaten östlich des Mississippi und zum mindesten auf einige Staaten westlich des Mississippi zu ....“

Und diese pessimistische Auffassung ist die des Staatsoberhauptes! Eine Provinz, die einen Rückhalt an der „größten und reichsten Stadt der Welt“ und die ein überdichtes Eisenbahnnetz hat, kann 20 bis 25 % ihrer Landwirtschaft nicht lebensfähig erhalten! — und dabei ist der Anteil der ländlichen Bevölkerung gegenüber dem der städtischen von früher 75 % auf 25 % gefallen!

Drängt sich da nicht die Frage auf, ob dieser „amerikanische Lebensstandard“ nicht absolut zu hoch ist? — Desgleichen der westeuropäische? Der indische, chinesische, japanische liegt jedenfalls viel tiefer!

Und diese Entwicklung, so verheißungsvoll begonnen und so unglückselig dem Niedergang entgegengehend, gilt für das Gebiet der Union, in der die Voraussetzungen besonders günstig sind! Man beachte hierzu: Neu-England zeigt die älteste Entwicklung, sie war gesund langsam, nicht ungesund schnell, denn zwei Jahrhunderte lang waren Technik und Verkehr primitiv, und als das Dampfzeitalter mit seinem „Tempo“ anbrach, wurde Neu-England durch New York mehr und mehr gelähmt, das Menschenmaterial der Kolonisatoren war gut, die Siedlungsformen waren richtig.

Es ist einleuchtend, daß in allen andern Gebieten die Gefahren für die Besiedlung noch größer sind. Hierbei ist noch auf folgende besonderen ungünstigen Faktoren hinzuweisen:

a) Die günstigste Form für die Kolonisation großer Landgebiete durch weiße Bauern ist das Dorf, weil dann die Aufwendungen für Wege, Schulen, Post, Verwaltung, gemeinnützige Anlagen am niedrigsten werden. Diese Form ist aber in Amerika im allgemeinen nur dort gewählt worden, wo entweder eine einsichtige Führung den Wert der Dorfsiedlung kannte, oder wo wirkliche Bauern diese Form als selbstverständlich aus der alten Heimat übernahmen. Dies war z. B. bei vielen deutschen Siedlungen der Fall. Mit Stolz und Wehmut müssen wir Deutsche feststellen, daß unsere Volksgenossen mit die besten Bauernsiedler in Nordamerika gewesen sind, — und wir dürfen hoffen, daß sich diese Fähigkeiten von Hand, Geist und Herz jetzt auch bei dem großen Siedlungswerk in Deutschland offenbaren werden.

Der Einfluß der Deutschen zeigte sich besonders in den mittleren Kolonien (New York, Pennsylvanien). Hier nahm die Landwirtschaft andere Formen an als in Neu-England und den Südstaaten. „Nirgendwo entstand der Typ der rein kommerziell eingestellten Plantagen, die mit dem Boden Raubbau trieben . . . Im Gegensatz zum Neu-Engländer trat der Holländer und der deutsche Kolonist in ein viel innigeres, dauerndes Verhältnis zum Boden . . . Die deutschen Bauern, die sich in Pennsylvanien niederließen, schufen den ältesten deutschen Kulturboden in der Neuen Welt, in der Absicht, ihn von Generation zu Generation zu verbessern und nicht wie der englische Kolonist auszubeuten und dann weiterzuziehen. Echtes germanisches Bauerntum im besten Sinn wurde für die mittleren Kolonien eine charakteristische Kulturform . . .

Der deutsche Kolonist war unbestritten der beste Landwirt. Er suchte mit Vorsicht den besten Boden aus und bearbeitete ihn auf das sorgfältigste. Seine Felder waren sauberer, sein Vieh besser gehalten als das seiner englischen Nachbarn . . ., wo immer der Deutsche sich festsetzte, konnte der Raubbau treibende Anglo-Amerikaner bald nicht mehr konkurrieren. Er blieb wirtschaftlich hinter dem Deutschen zurück, wurde aufgekauft, sozial degradiert . . . Hält man sich außerdem vor Augen, daß die Deutschen, die den gebildeten Klassen entstammten, eine teils gründlichere, wertvollere Erziehung genossen hatten als die Engländer der oberen Klassen, so versteht man, daß noch 1854 die Deutschen Pennsylvaniens mit Recht und Stolz von sich sagen konnten: „Wir sind das Mark und die Kraft des Lands“ (vgl. Schmieder, a. a. O. S. 84). — Der günstige Einfluß der Deutschen auf die Wirtschaft und Kultur Nordamerikas ist — trotz aller politischen Verhetzung — 1933 beim 250jährigen Jubiläum der ersten deutschen Einwanderung (am 6. Oktober 1683) von führenden Amerikanern hoch anerkannt worden.

Über die ersten deutschen Ansiedler berichtet Friedrich Kapp 1884[1]:

„Am letzten 6. Oktober“ (also am 6. 10. 1883) „sind es zweihundert Jahre geworden, daß die erste deutsche Auswanderungsgesellschaft bei der jetzigen Stadt Philadelphia ihren Fuß auf die amerikanische Küste setzte. Es war ein kleines bescheidenes Häuflein von 13 Familien . . .„ welches am 24. Juli 1683 aus Krefeld ausgezogen war und nach 75tägiger Fahrt im Delaware eingelaufen war. Seitdem sind Hunderttausende und Millionen unserer Landsleute jenen schlichten Leinewebern vom Rhein nachgefolgt, und jede deutsche Landschaft hat . . . dazu beigetragen, das ursprünglich so bescheidene Rinnsal deutscher Auswanderung zu einem mächtigen Strom anzuschwellen . . .“.

Und 1933 schrieb eine hochangesehene amerikanische Quelle unter Benutzung der Berichte von Pastorius und Kapp:

„In diesen 250 Jahren hat das Deutschtum die amerikanische Kultur zu reicher Entfaltung gebracht. Philadelphia, einst das Haupteinfallstor und noch jetzt der Hauptstützpunkt des Deutschtums in den Vereinigten Staaten, hat ein besonderes Recht zum Feiern. Sein Begründer William Penn hat die ersten Deutschen herübergeholt, seine angesehensten Familien leiten ihren Ursprung von jenen Einwanderern her, und von seinen 2 Mill. Einwohnern sind rund 100 000 in Deutschland geboren, rund 400 000 deutschstämmig. Aus liebevoll

---

[1] Vgl. Franz Daniel Pastorius, „Beschreibung von Pennsylvanien“, Nachbildung der 1700 erschienenen Original-Ausgabe, mit einer Einleitung von Friedrich Kapp, Krefeld, Kramer u. Baum, 1884.

gehegten Familienarchiven, aus den Schätzen der Bibliotheken steigt jetzt wieder das Bild von dem Kampf und der Arbeit der ersten Deutschamerikaner auf.

Die dreizehn Krefelder waren die ersten deutschen Bürger, die in dem fremden Land keine abenteuerlichen Goldschätze, sondern ein ruhiges und auskömmliches Leben für sich und ihre Familien suchten.

Deutschland war durch den Dreißigjährigen Krieg verwüstet. Es war die Zeit blühendster Sektiererei: Pietisten, Mennoniten, Baptisten, Herrnhuter usw. arbeiteten nach- und nebeneinander an der religiösen Erweckung der Seelen. In diese Zeit hinein kam William Penn mit seiner Kunde von dem Land jenseits des Meeres wie ein Bote aus einer anderen Welt. Auf zwei Reisen, 1671 und 1677, suchte er in Deutschland nach Gesinnungsgenossen. Er, der Quäker, findet freundliches Entgegenkommen in den unteren Volksschichten Deutschlands, er findet in den Mennoniten Krefelds, den Pietisten um Spenner in Frankfurt und in der kleinen Quäkergemeinde in Kriegsheim bei Worms Menschen von aufrichtiger Frömmigkeit, von ehrlichem Eifer gleich ihm. Schnell war in Frankfurt eine „Teutsche Compagnie" gegründet, die von Penn mehrere tausend Acker Land in Pennsylvanien erwarb.

Schon die Überfahrt war damals keine Kleinigkeit. Aber auch nach der Ankunft harrte der Einwanderer kein rosiges Leben. Zwar waren die Indianer ziemlich friedlich, aber sie waren doch auf ihren Vorteil bedacht und hinterlistig. Bald nach der Ankunft war die Ortschaft Germantown gegründet worden, später wurde sie durch die drei Flecken Crefeld, Kriegsheim und Sommershausen erweitert. Es dauerte mehrere Jahre, ehe die Einwanderer sich durch Ackerbau und daneben durch „den Wein, den Lein und den Webeschrein" — den Wahlspruch Germantowns — aus dem Gröbsten emporgearbeitet hatten. Aber dann geht es mit Macht aufwärts. Die Verwüstung der Rheinpfalz durch Turenne und Melac bringt Tausende, Zehntausende fleißiger Pfälzer über das Meer, während vorher alles Deutsche „Dutch" — holländisch — hieß, wurde es jetzt „Palatine" — pfälzisch — genannt. Das erste Häuflein Einwanderer aber, mit ihrem Bürgermeister, Gesetzgeber, Friedensrichter und Schullehrer Pastorius an der Spitze, bleibt obenauf, und als Pastorius 1719 stirbt, kann er ein blühendes Gemeinwesen als sein Werk bezeichnen.

Aus der Keimzelle hat sich eine mächtige Triebkraft des amerikanischen Lebens entwickelt. Der Anteil des Deutschtums an der amerikanischen Kultur ist unermeßlich. Die Quäker Germantowns haben 1688 den ersten Protest gegen die Sklaverei verfaßt. Eine einzige deutsche Familie, die Pannebakkers oder modern Pennypackers, hat 154 Soldaten für die Unabhängigkeit der USA. in den Kampf geschickt. Namen wie Steuben und Herckheimer auf militärischem, Carl Schurz auf politischem Gebiet, Tatsachen wie die Kulturtätigkeit der deutschen Gesang- und Turnvereine, die künstlerische Befruchtung Amerikas durch deutsche Musiker und Dichter werden noch heute von jedem Amerikaner anerkannt, und die Erinnerung daran wird hoffentlich die letzten Wirkungen der Greuelpropaganda gegen das neue Deutschland auslöschen."

Die oben als günstig hervorgehobene Form des Dorfes wurde für die Kolonisation nicht gewählt und konnte wohl auch nur schlecht gewählt werden, wenn das zu erschließende Land zuerst vermessen und dann zugeteilt wurde, denn die Landaufteilung erfolgte hierbei ohne Rücksicht auf das Gelände nach regelmäßigen geom e t r i s c h e n Figuren, nämlich gemäß Abb. 20 nach l a n g gestreckten Rechtecken oder Q u a d r a t e n. Die erste Form wurde vor allem von den Franzosen bevorzugt, und sie war insofern berechtigt, als meist keine andern Wege als ein (knapp schiffbarer) Fluß zur Verfügung stand. Die Ansiedler mußten also „vom Boot aus kolonisieren" und daher sämtlich mit ihrem Grundstück den Fluß berühren, und so entstand die in Abb. 20 in der Mitte dargestellte Siedlungsform. Man kann hier von „Straßendörfern" reden, mit dem Fluß als Hauptweg, in Wirklichkeit ähneln der-

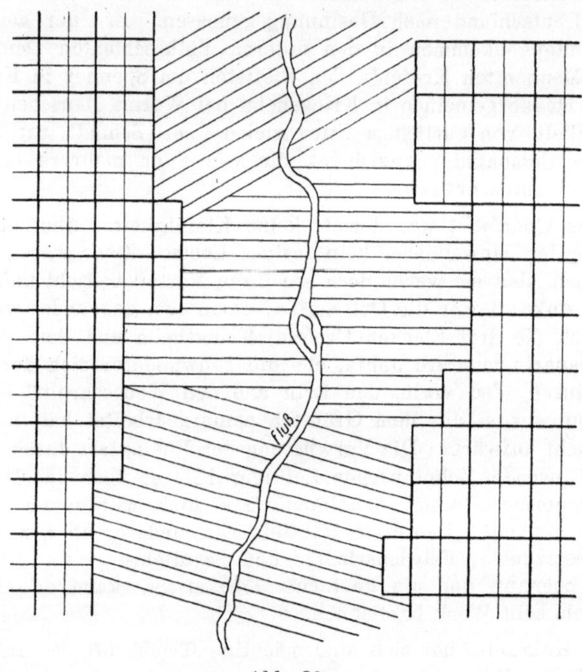

Abb. 20.
Schema von geometrischer Besitzaufteilung.

artige Gebiete aber mehr der Z e r s t r e u t siedlung als einem Dorf und sie sind daher in dem oben angedeuteten Sinn reichlich unwirtschaftlich. Noch schwieriger ist meistens das Herauskristallisieren eines Dorfkerns bei der in Abb. 20 auf den beiden Seiten dargestellten q u a d r a t i s c h e n Feldeinteilung, da es hier naheliegt, am Zusammenstoß von je vier Feldern eine Gehöfte-Gruppe anzulegen.

b) Die landwirtschaftliche Erschließung des Ohio-Gebiets und besonders des weiteren Westens erfolgte schon n i c h t mehr von Leuten, die B a u e r n werden, also mit ihren Nachkommen mit dem Boden fest verwurzeln wollten, sondern von Leuten, die im Landbau nur einen E r - w e r b sahen, den man spekulativ aufnimmt, um ihn (nach Erfolg oder

Mißerfolg) schnell wieder aufgeben zu können. Diese Landwirte stellten sich daher stark auf die Erzeugung nur eines bestimmten Guts ein, nämlich des Guts, das den höchsten Erfolg versprach, und sie erzeugten dies Gut im Raubbau, mit wenig Arbeitskräften, dafür mit immer raffinierteren Maschinen. Hiermit hat man gegen jenen Grundsatz jeder einsichtigen Führung verstoßen, daß man eine hohe Technik nur allmählich und nur mit guter Vorbereitung auf einen neuen kulturell unreifen Boden übertragen darf, — ein Satz, der aber nicht etwa nur für die Landwirtschaft gilt. Gerade diese fabrikmäßige Herstellung von Weizen usw. hat dem östlichen Bauernstand so schwere Wunden geschlagen. In den nördlichen Gebieten tragen auch, wie schon angedeutet, die harten Winter dazu bei, die Bauernfamilien nicht seßhaft werden zu lassen, da die Sehnsucht nach einem schöneren Klima zu stark ist.

c) Diese Betriebsweise und noch mehr die Beschäftigung in Jagd, Handel, Bergbau und Industrie hat im Amerikaner das Heimatgefühl geschwächt. Nirgendwo sonst ist der Mensch mit der heiligen Mutter Erde so wenig verwurzelt wie in der Union. Die typische Karikatur hierfür ist der moderne „Auto-Nomade", der ohne festes Heim immer dorthin fährt, wo ihm höherer Lohn — oder höhere Unterstützungsgelder! winken.

Allerdings handelt es sich bei dieser Karikatur nicht um Bauern und nur wenig um Landarbeiter, sondern um gelernte und ungelernte Fabrikarbeiter, Holzfäller, Händler und kleine Spekulanten. Ihr Leben ist trefflich dargestellt in dem Novellenband „Im vierzigsten Stock" von Luc Durtain (Übersetzung im „Inselverlag" 1928). Bei diesen wirtschaftlichen Zuständen ist es in Verbindung mit dem Raubbau an Wald und an Erz nicht zu verwundern, daß es in dem so jungen Amerika schon so viele „Städte-Leichen", d. h. in Ruinen liegende Städte, gibt, — man bedenke, welche Unsummen an Nationalvermögen durch eine derartige Art von Besiedlung verloren gehen.

Man kann sich all diese ungesunden Zustände im Siedlungs- (und Verkehrs-)Wesen vielleicht wie folgt kurz klarmachen, wobei man immer den Vergleich mit Europa im Auge behalte:

Ein ungeheures Land, etwa ebenso groß wie Europa, war — praktisch gesprochen — unbewohnt. Nun wohnen dort rd. 100 000 000 Menschen, aber diese bilden kein einheitliches Volk, sondern gehören vier verschiedenen „Rassen" an, den echten Weißen, den Dunkelweißen, den Farbigen und den Ostasiaten. Zwischen diesen Rassen besteht kein Friede, keine völkische und wirtschaftliche Einheitlichkeit, sondern Neid, Haß, Furcht. Die Oberschicht, die echten Weißen, kamen durch einen ganz kleinen Küstenstreifen, sie kommen heute durch einen Punkt, ins Land. Von diesem aus wird alles erschlossen und fast alles wirtschaftlich beherrscht, so etwa, als ob ganz Europa von dem einen Punkt Hamburg erschlossen worden wäre. Die Ansiedler stürzen sich zuerst auf die nächstliegenden Gebiete, treiben hier einen ungeheuren Raubbau, an Boden, der nicht gedüngt wird, an Wald, der nicht aufgeforstet wird, an Bodenschätzen, von denen nur die leicht gewinnbaren erbeutet werden, an Menschen der andern Rassen, die ausgenutzt werden. Hierdurch wird die obere Schicht reich und gewöhnt sich einen hohen Lebensstandard an, gleichzeitig investiert sie in dem Gebiet ungeheure Kapitalien in Städtebau, Industrie und Verkehr. Dann gehen die Produktionskosten immer mehr in die Höhe, weil die Sünden des Raubbaus immer fühlbarer werden, und weil der zu hohe Lebensstandard, verschärft durch den Neid auf die erfolgreichen Spekulanten, die Löhne immer höher treibt.

Und dann kommt der Umschwung: Neue Kolonisten stürzen sich auf ein neues Gebiet. Hier beginnt ein neuer Aufstieg. Aber das erste nun schon ausgesogene Gebiet gerät in bittere Not, weil es der Konkurrenz des Raubbaus in dem neuen jungfräulichen Boden nicht gewachsen ist, denn die Eisenbahnen und Schiffe transportieren zu billig und — — Schutzzölle kann es natürlich nicht geben! So geht der Bauer und der hochwertige Industriearbeiter der oberen Klasse zugrunde, die anderen Rassen dringen ein, aber kaum mehr als Bauern, sondern als Proletariat in die Elendquartiere der großen Hafenstädte. Was sich behauptet, ist der Händler, dessen Geschäft ja nicht bodenständig zu sein braucht, und der Spekulant, der die untern Rassen bewußt in das echtweiße Land zieht, um sie mittels niedriger Löhne auszunutzen, der aber sein Kapital rechtzeitig aus dem niedergehenden Land herausgezogen hat, um es dem neu aufsteigenden Gebiet zuzuwenden.

So geht das Spiel weiter, es wird aber noch ernster:

Immer weniger werden die neuen Gebiete von Bauern, immer mehr von Spekulanten erschlossen, immer mehr tritt die Landwirtschaft zurück, immer mehr tritt die Ausbeutung der Wälder und Bodenschätze in den Vordergrund, immer weniger sind die Träger der Bewegung die Massen der Kolonisten, die wirklich einwandern, immer mehr dagegen die wenigen Großspekulanten, die in den beiden Riesenstädten New York und Chicago und in deren Börsen sitzen. Mit diesem Hochkommen des Mammonismus wird der anfängliche Nutzeffekt natürlich gesteigert. Aber es geht dann schnell wieder zu einem neuen Gebiet, sobald man die Sahne abgeschöpft hat, und wieder sind die Menschenmassen wurzellos, die Städte verödet, die Werte vernichtet.

Im einzelnen wirken hier folgende Faktoren besonders ungünstig: Der Mammonismus arbeitet mit den größten Mitteln der Naturwissenschaften, der Technik und des Verkehrs.

Geographie und Geologie, Gewässer-, Boden- und Lagerstättenkunde werden dazu ausgenutzt, um überall die Stellen zu finden, an denen die Ausbeute besonders gewinnbringend zu werden verspricht. Hierbei kommt es aber nicht auf den durchschnittlich guten Dauererfolg, sondern auf den blendenden Anfangserfolg an, da er schnelle und hohe Börsengewinne verspricht.

Die weniger aussichtsreichen Gebiete werden dagegen von dem Spekulanten und damit auch von dem Ansiedler „übersprungen", die Besiedlung geht also nicht einigermaßen gleichmäßig vor sich. Hierbei liefert die Eisenbahn das Mittel, um die großen „Sprünge" billig und sicher ausführen zu können. Da die Eisenbahn immer nur nach den gerade für besonders aussichtsvoll gehaltenen Gebieten vorgetrieben wird und nur eine Angelegenheit des spekulativen Privatkapitals, nicht aber des Staats, ist, kann von einer das ganze Land gleichmäßig bedenkenden Eisenbahnpolitik nicht die Rede sein, vielmehr wird das Starke noch mehr gestärkt, das Schwache aber (relativ) noch mehr geschwächt.

Die Ausbeutung erfolgt mit den raffiniertesten Mitteln der Technik (einschl. der Land- und Forsttechnik) und sie ergibt daher einen auf die Spitze getriebenen Raubbau, was sich z. B. besonders kraß in der Waldvernichtung und in der Ölgewinnung zeigt.

Die hierdurch erzielten niedrigen Produktionskosten bringen die in den älteren Gebieten bestehenden Betriebe noch schneller und gründlicher zum Erliegen, als dies in den Zeiten der Fall war, in denen die Technik noch nicht so hoch entwickelt war.

Wie stark hierbei die Landwirtschaft gegenüber der Industrie und dem Handel ins Hintertreffen geraten ist, ergibt sich daraus, daß der Anteil des Einkommens der landwirtschaftlichen Bevölkerung am Gesamtvolkseinkommen betragen hat: 1920: noch 15 %, 1925: 11 %, 1928: 9 und 1933 nur noch 7 %. Und wieviel müßte er bei gesunder Zusammensetzung des Volkskörpers betragen?

Hierzu seien einige Gedanken von Präsident Roosevelt in sinngemäßer Übersetzung wiedergegeben (a. a. O. S. 17 ff.):

„Der rücksichtslose Gewaltmensch hat in der Erschließung eines Pionierlands seinen Platz gefunden ... Die Gesellschaft zahlte ihm für seine Dienste einen hohen Preis ..."

Seit etwa 1800 begann im politischen Leben Amerikas die neue Zeit, der Individualismus wurde das große Losungswort, das Individuum wurde über das Ganze gestellt. Die denkbar günstigsten Verhältnisse machten diese Zeit glanzvoll. An der westlichen Grenze gab es genug freien Raum. Wer die Arbeit nicht scheute, fand Gelegenheit, sein Brot zu verdienen. Krisen kamen und gingen, aber sie änderten nichts daran, daß die eine Hälfte der Bevölkerung von der Landwirtschaft, die andere von Gewerbe und Handel lebte. Hunger und Heimatlosigkeit gab es kaum, schlimmstenfalls konnte man mit dem Planwagen nach Westen fahren, wo die jungfräuliche Erde allen, für die im Osten kein Raum mehr war, eine Zuflucht bot. . .

„Unsere natürlichen Hilfsquellen waren so groß, daß wir nicht nur dem eigenen Volk, sondern den Notleidenden aus aller Welt eine Zuflucht bieten konnten. Wir konnten die Einwanderer mit offenen Armen aufnehmen."

„Trat eine Krise ein, so wurde im Westen ein neuer Landstrich erschlossen . . ."

Aber um 1850 wurde eine neue Kraft entfesselt, und ein neuer Traum geschaffen." Die Kraft war der Dampf, die industrielle Umwälzung, die Maschine und die Fabrik. Der Traum sah einen Wirtschaftsapparat, der den Lebensstandard jedes Einzelnen heben, den Luxus auch dem Ärmsten zugänglich, die Entfernungen aufheben und den Menschen von der Fron harter körperlicher Arbeit befreien werde. . . . Die Sache hatte aber einen Haken: Um den Traum zu verwirklichen, mußte man die Talente von Männern gewaltig an Willenskraft und Ehrgeiz benutzen, da die Probleme der Finanzierung, der Technisierung und der gesamten neuen Entwicklung auf andere Weise nicht zu lösen waren.

Doch die Vorteile des Maschinenzeitalters waren so offensichtlich, daß Amerika ohne Furcht und mit Freuden die Nachteile in Kauf nahm. Kein Preis galt als zu hoch für die Vorteile, die uns das vollendete Industriesystem bringen konnte.

„Die Geschichte von 1850 bis 1900 ist daher in hohem Maß die Geschichte der ‚Finanzriesen', deren Methoden nicht ängstlich nachgeprüft wurden, deren Geltung sich nur nach dem Erfolg richtete, ohne daß die (unlauteren) Mittel berücksichtigt wurden. Die Finanzleute, die z. B. die Pacificbahnen bauten, waren immer rücksichtslos, oft verschwenderisch und nicht selten korrumpiert, aber — sie bauten Eisenbahnen, und heute haben wir Eisenbahnen . . ."

„Während der Periode der Expansion hatte jeder die gleichen wirtschaftlichen Möglichkeiten . . ., aber um 1900 kam der große Umschwung. Damals wurde unsere letzte Grenze erreicht, es gab keinen freien Grund und Boden mehr, und unsere großen Industriekonzerne hatten sich zu großen, gänzlich unbeaufsichtigten und unverantwortlichen Machtzentren entwickelt . . . Der Spielraum privater Initiative wurde immer enger. Größere Kredite waren immer schwieriger zu erlangen, wenn man nicht als Preis zahlen wollte die Vereinigung des eigenen Strebens mit der Tätigkeit jener, die die Industrie bereits beherrschten. Jeder, der es wagte, irgendeiner Stelle Konkurrenz zu machen, die schon unter einer der großen Kapitalmärkte stand, wurde „ausgepowert" und hierdurch gezwungen, zu liquidieren oder sich aufsaugen zu lassen . . ."

„Unser Wirtschaftsleben wird von nur rund 600 Konzernen beherrscht, und diese ‚kontrollieren' etwa zwei Drittel der gesamten Industrie, in das letzte Drittel müssen sich dagegen 10 000 000 kleine Gewerbetreibende teilen . . . Wenn das so weiter geht, wird in 100 Jahren die ganze Industrie der Union unter einem Dutzend Konzernen stehen und von etwa hundert Personen geleitet werden . . ."

Wenn man von dem Niedergang der älteren Gebiete so wenig hört, so liegt das wohl größtenteils daran, daß die Entwicklung des Gesamtlands bisher noch die aufsteigende Linie gezeigt hat, und daß wir uns von dem Glanz der in den alten Gebieten liegenden Riesenstädte blenden lassen. Ähnelt aber die Wirtschaft New Yorks nicht schon stark der des kaiserlichen Rom, das weit mehr verzehrte, als es bezahlte?

Unwillkürlich drängt sich die Frage auf, warum die Siedlungsverhältnisse und hiermit die wirtschaftlichen, sozialen und nationalen Verhältnisse in Canada so viel gesunder sind als in den Vereinigten Staaten.

Dies ist tatsächlich in wichtigen geographischen und geschichtlichen Faktoren begründet:

a) Vom geographischen Standpunkt ist auf folgende Punkte hinzuweisen:

1. Die in dem atlantischen Gebiet Canadas herrschende Kälte ist allerdings ein ungünstiger Faktor, sie hat aber das Gute gehabt, die Entwicklung gesund zu verzögern, insbesondere ist hierdurch verhindert worden, daß die beherrschenden (Hafen-) Städte in ungesund stürmischer Entwicklung zu Millionenstädten aufstiegen, — Montreal 811 000, Quebec 129 000, Ottawa 125 000. Die Vormachtstellung New Yorks, das auch weite Teile Canadas verkehrswirtschaftlich beherrscht, mag für Canada schmerzlich sein, sie hat aber auch ihre gute Seite.

2. Da das Küstengebiet verkehrsgeographisch nicht so begünstigt ist wie das „Aufmarschgebiet" der Union, ist die Zahl der hier an Land kommenden Einwanderer bei weitem nicht so groß, es bleibt also auch nicht so viel minderwertiges Menschenmaterial als Proletariat in den Hafenstädten hängen.

3. Die Einwanderung muß vielmehr kräftiger nach dem Westen drängen, hier aber stehen große Flächen für den Ackerbau zur Verfügung, weil im Innern Canadas die Getreidegrenze weit nach Norden hinaufreicht.

4. Während der „Aufmarschraum" für die Union sehr klein ist und sich infolge der besonderen geographischen Verhältnisse eigentlich auf den einen Punkt New York zusammengezogen hat, ist der Aufmarschraum für Canada sehr groß, denn es ist als solcher das ganze Becken des St. Lorenz-Stroms und das ganze nördliche Küstengebiet der Großen Seen zu rechnen, und in diesem rd. 2000 km langen Gebiet wirken keine konzentrierenden, sondern dezentralisierende Kräfte, da an allen Punkten, an denen dies nötig erscheint, (Hafen-)Stützpunkte für die Kolonisation geschaffen werden können.

b) Vom „geschichtlichen" (politischen) Standpunkt aus ist auf folgende Punkte hinzuweisen, durch die das Siedlungswesen Canadas günstig beeinflußt worden ist:

1. Die Bevölkerung Canadas verfügt über eine gefestigte (englische und französische) Kultur und hat diese nicht zugunsten einer äußer-

lichen Zivilisation verkümmern lassen. Die wirtschaftliche Entwicklung ist infolgedessen nicht so stürmisch gewesen, sondern sie verläuft in ruhigeren gesunderen Bahnen.

2. Infolge der alt-englischen Tradition, die trotz allen Eigennutzes doch das Gemeinwohl immer im Auge behält, hat sich das Spekulantentum nicht so austoben können wie in der Union, auch die straffe, früher von London ausgeübte Regierungsgewalt hat hier zügelnd gewirkt.

3. Dagegen haben sich die führenden Gewalten bewußt auf eine wirklich landwirtschaftliche Kolonisation, d. h. auf das Seßhaftmachen von Bauernfamilien, eingestellt. Diese gesunde Art von Besiedlung bringt natürlich keine großen und schnellen Anfangserfolge, sondern vollzieht sich ruhig, stetig, langsam, — aber gesund.

4. Punkt 2. und 3. hatten auch die günstige Folge, daß die Einwanderung unerwünschter Elemente hintangehalten worden ist, Canada hat nur sehr wenig Neger und auch verhältnismäßig wenig „Dunkel-Weiße" aufgenommen, es ist ein wirklich weißes Land geblieben.

5. Von besonderer Bedeutung ist noch, daß die canadischen Eisenbahnen sich bewußt in den Dienst der echt-landwirtschaftlichen Kolonisationen gestellt haben, und es ist bekannt, daß sie auf diesem Gebiet sehr hohe Erfolge erzielt haben und den für die Besiedlung ausschlaggebenden Faktor darstellen[1].

B. Der Einfluß der Verkehrsentwicklung auf die Besiedlung.

In den alten Kulturländern werden die Verkehrswege geschaffen, um die vorhandenen Siedlungen zu verbinden. So sind im Zeitalter der Merkantilisten die Flüsse verbessert, die Kanäle und Chausseen gebaut worden, um die vorhandenen Städte, Festungen, Residenzen, Häfen besser untereinander (und vor allem mit der meist zentral gelegenen Hauptstadt)

[1] Daß der Engländer die Bedeutung der Kolonisation durch Weiße, und zwar als Bauern, erkannt hat, beweisen auch die neuesten Vorgänge in Australien. Hier sind früher entsetzliche Fehler gemacht worden. Indem man sich nur auf Bergbau, Industrie und Schafzucht einstellte, den Ackerbau aber vernachlässigte, hat man es fertig gebracht, daß dieser Kontinent, in dem nach vorsichtigen Ermittlungen 40 bis 60 000 000 Weiße als Bauern leben könnten, nur 6 500 000 Einwohner hat, und von diesen wohnen rd. 70 % in Städten und zwar rd. 50 % in den sechs Hauptstädten. Die jetzt als falsch erkannte Wirtschaftspolitik der Sozialisten hat den Zuzug von Menschen und Kapital aus dem Ausland zurückgehalten, sie hat, um den zu hoch geschraubten Lebensstandard des Industriearbeiters künstlich zu halten, hohe Zollmauern errichtet und die Interessen der Landwirtschaft bewußt vernachlässigt. Nachdem die infolge dieser falschen Politik ausgebrochene schwere Krise nun dem Volk die Augen geöffnet hat, hat man sich — auch im Blick auf die zwar noch fern, aber riesen-

zu verknüpfen, den Eisenbahn-Tracen waren die wichtigsten Punkte durch die vorhandenen Städte vorgeschrieben, sie mußten viele Städte anschließen, obwohl diese für die Eisenbahn ungünstig liegen. Im Kolonialland ist es aber umgekehrt: in ihm folgt nicht der Weg den Siedlungen, sondern die Siedlungen folgen dem Weg. Wenn also bei der Festlegung des Wegenetzes nicht in weiser Voraussicht auf die künftige Besiedlung Rücksicht genommen wird, können schwere Fehler gemacht werden. Dies ist in Nordamerika namentlich bei dem Eisenbahnnetz geschehen, und zwar teilweise in gradezu verhängnisvoller Weise, insbesondere dadurch, daß man das Land nicht gleichmäßig bedachte, sondern einzelne Punkte mit besonders günstigen verkehrsgeographischen Verhältnissen über alle Gebühr bevorzugte.

In Nordamerika lassen sich in Beziehung auf das Siedlungswesen nur zwei Abschnitte der Verkehrserschließung klar voneinander trennen:

1. Die Zeit der Landwege und Binnenwasserstraßen, etwa 1840 abschließend,

2. Die Zeit der Eisenbahn, von 1830 ab.

Mit Rücksicht auf die Bedeutung der Großstädte könnte man den Beginn des Baus von Stadtschnellbahnen (Hochbahn in New York 1878) als einen dritten Abschnitt und die stärkere Einführung des Kraftwagens (1910) als einen vierten Abschnitt anerkennen. In unserem Zusammenhang genügt es, die beiden erstgenannten Abschnitte zu erörtern. Die wichtigsten Ereignisse finden sich nachstehend zusammengestellt:

Wichtigste Ereignisse der Verkehrsgeschichte der Vereinigten Staaten.

1654 Landweg von Boston nach Providence.
1720 Erzverhüttung in Piedmont.
1734 Poststraße Quebec—Montreal.
1756 Regelmäßiger Postverkehr zwischen New York und Philadelphia.

groß aufsteigende japanische Gefahr — von den Propheten des Liberalismus und ihrer einseitigen Industrie-(Arbeiter-)Politik abgewandt und bewußt der Politik landwirtschaftlicher Kolonisation zugewandt.

Australien ist sich seiner besonderen Stellung als „Vorposten der weißen Rasse im Großen Ozean“ bewußt worden und will daher die Ansiedlung von Weißen und zwar in erster Linie als Bauern durchführen, hierbei sollen aber die Angehörigen der angelsächsischen Rasse nicht bevorzugt werden, das hohe politische Ziel ist eine starke Vermehrung der Bevölkerung und ein günstiges Verhältnis zwischen Stadt und Land, die Eingeborenen sollen hierbei sorgsam geschützt werden. Die Regierung hat zwei Kolonisationsgesellschaften gegründet, die in den ausreichend beregneten Gebieten von Nord- und Westaustralien arbeiten sollen. Man rechnet mit einem Gesamtaufwand von 55 000 000 000 RM!

1760 Beginn des Kohlenbergbaus.
1775—1783 Der Freiheitskrieg.
1787 Begründung der Union.
1790 (bis 1820 und später) Straßenbau durch Privatgesellschaften in den Atlantischen Staaten (sog. toll roads).
1800 Beginn der Auswanderung aus den Neu-England-Staaten nach dem Westen.
1804 Chicago gegründet.
1807 Erster Dampfer auf dem Hudson.
1811 Die Bundesregierung beginnt sich am Bau durchgehender Straßen zu beteiligen.
1811 Dampferverkehr auf dem Ohio.
1812 Desgl., auf dem Mississippi.
1818 Erste transatlantische Dampferlinie.
1818 Erster Dampfer auf dem Erie-See.
1820 Im Ohio-Becken 1 000 000 Einwohner.
1826 Der Erie-Kanal fertiggestellt.
1820—1840 Kanalbau-Zeitalter.
1826 Der erste transkontinentale Saumpfad festgelegt.
1829 Der Welland-Kanal fertiggestellt.
1830 Beginn des Eisenbahn-Zeitalters.
1833 Die Deutschen Gauß und Weber (Göttingen) erfinden den elektrischen Telegraphen.
1835 San Francisco gegründet.
1838 Der „Cumberland-Weg“ (Landstraße) von Baltimore zum Mississippi fertig.
1840 86 Kanäle mit zus. rd. 8500 km Länge in Betrieb.
1843 Eisenbahn Boston—Buffalo.
1844 Erste Telegraphenlinie Baltimore—Washington.
1848 Gold in Kalifornien.
1848 Illinois-Kanal fertig.
1850 Das Ohio-Becken die Kornkammer des Lands.
1851 Eisenbahn von New York über die Appalachen und bis Chicago.
1853 Seeschiff-Fahrstraße bis Montreal fertig.
1854 Der Mississippi von der Eisenbahn erreicht.
1855 Der Sault St. Marie-Kanal fertiggestellt.
1860 Das Gold in Kalifornien erschöpft, Übergang zum Obstbau usw.
1861 Reis erfindet den Fernsprecher.
1861—1864 Der Bürgerkrieg.
1863—1869 Bau der ersten Pacificbahn.
1866 Erstes transatlantisches Kabel in Dauerbetrieb.

Von 1870 ab Besiedlung der nördlichen Prärien.
Erst 1872 Eisenbahn durch Alabama bis Chattanooga fertig.
1876 Der Fernsprecher gebrauchsfertig.
1879 Erste elektrische Bahn (Siemens).
1881 Southern Pacificbahn.
1870—1883 Bau der Nördlichen Pacificbahn.
1886 Erste Canadische Pacificbahn.
1887 Daimler erfindet den Kraftwagen.
1903 Erste erfolgreiche Flüge (Jatho, Wright).

1. Landwege und Binnenwasserstraßen.

Die Landstraßen haben sich in Nordamerika (bis zum Zeitalter des Kraftwagens) nicht entwickeln können, denn einerseits war die Zeit zwischen dem Beginn der Kolonisation des Innern und dem Beginn des Eisenbahnbaus zu kurz, andrerseits waren die Flüsse lange Zeit den Verkehrsbedürfnissen gewachsen (oder richtiger gesagt: man trieb die Kolonisation nur an den Flüssen entlang vor).

Die ersten Landwege, höchst primitiv gebaut und fast ohne Brücken, knüpften an die Indianerwege an, sie dienten vornehmlich zur Verbindung der Flußsysteme untereinander und zur Umgehung der Stromschnellen und Wasserfälle. An diesen „Portagen“ wurden nötigenfalls die kleinen Nachen über Land hinübergetragen. Der Wegebau kam im frostreichen Norden, namentlich in Neu-England, schneller auf als im Süden, dessen Flüsse auch im Winter leidliche Wasserstraßen darstellten. 1654 wurde ein Weg von Boston nach Providence gebaut, aber erst 1756 fuhr die Postkutsche zwischen New York und Philadelphia, 1734 wurde ein Weg von Quebec nach Montreal (von den Franzosen) gebaut. Verhältnismäßig groß muß man die Bedeutung des Schlittenverkehrs im Winter einschätzen[1]. Vielleicht hatten die Verhältnisse Ähnlichkeit mit denen in gewissen Gebieten Rußlands, in denen die Verkehrsmöglichkeiten in der Weise von der Witterung abhängig sind, daß man im Sommer auf den Flüssen und den sandigen Landwegen, im Winter mit Schlitten fahren kann, während in den Übergangsjahreszeiten der Verkehr „zerrissen“ ist, — man erinnere sich, wie unendlich viele Wege meist als Knüppeldämme wir im Krieg bauen mußten, im Dezember 1914 stockte der Nachschub in den Kämpfen um Lodz gefahrdrohend, weil es nicht frieren wollte, — nicht einmal die Feldbahn konnte zuverlässig in Betrieb gehalten werden!

Landwege mußten aber geschaffen werden, als die Kolonisten begannen, über die Appalachen vorzudringen, da hier nur der

[1] Vgl. Schmieder, a. a. O. S. 45.

Hudson-Mohawk einen brauchbaren Wasserweg darstellt. Von 1790 ab wurden bessere Landstraßen und Brücken, von Privatgesellschaften angelegt, die gegen Straßen- und Brückenzoll benutzbar waren, 1795 wurde so Kentucky erreicht. Von 1811 wurden durchgehende Wege mit Unterstützung der Bundesregierung gebaut und auf diese Weise 1838 der Cumberlandweg von Baltimore bis zum Mississippi geschaffen, auf dem auch regelmäßiger Postverkehr eingerichtet wurde. Von diesem Hauptweg wurden viele Seitenwege abgezweigt.

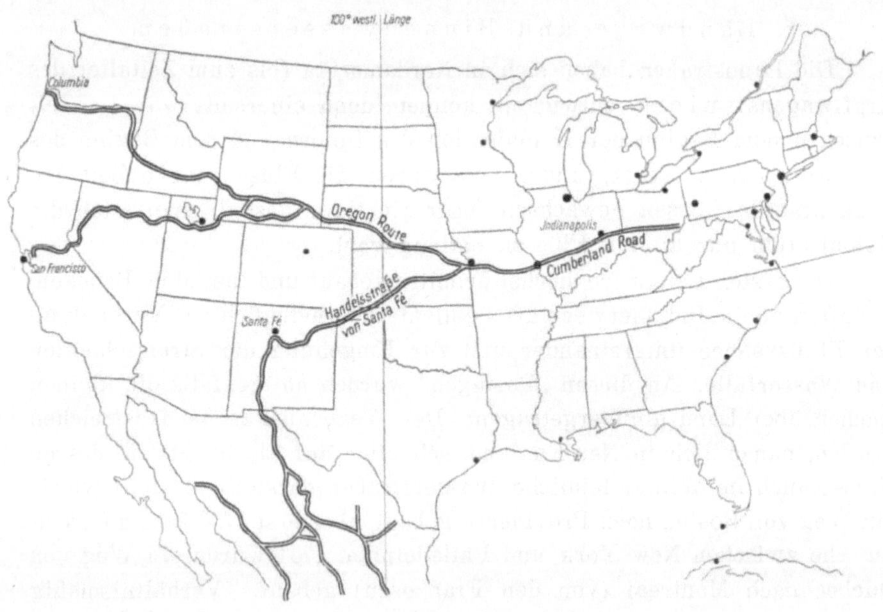

Abb. 21.
Die großen Landwege durch Nordamerika (1863 fahrbar fertig).

Weiter mußten Landwege erkundet und angelegt werden, um die Felsengebirge zu überwinden. Die erste transkontinentale Erkundung ergab 1793 einen für Kanufahrten geeigneten Weg im Norden, 1803 wurde der erste transkontinentale Saumpfad, ebenfalls im Norden, ermittelt, 1826 einer im Süden, der auch befahren werden konnte und zur ersten Postroute zum Stillen Ozean ausgestaltet wurde, Abb. 21 zeigt diese großen Wege, wie sie etwa im Jahr 1863 „fahrbar" fertig waren. Aber dieser Verkehr genügte bei weitem nicht, als 1848 in Californien das Goldfieber ausbrach. — Die Überwindung der Felsengebirge blieb den Eisenbahnen vorbehalten, die allgemein den Anreiz zum Bau und zur Verbesserung der Landstraßen so herabsetzten und den Kapitalmarkt so in

Anspruch nahmen, daß das ganze Landstraßenwesen bis zum Erscheinen des Kraftwagens in Verfall geriet.

Den Hauptanteil an der Erschließung des Lands haben bis in das Eisenbahnzeitalter hinein die Binnenwasserstraßen gehabt.

Bei ihnen sind zwei Gruppen zu unterscheiden: Die Großen Seen und die Flüsse nebst den Kanälen. Die beiden Gruppen haben eine ganz verschiedene Entwicklung durchgemacht, die hauptsächlich vom Stand der Verkehrstechnik abhängt:

Auf den Großen Seen konnte nämlich infolge der primitiven Technik, d. h. bis zur Einführung der Dampfkraft (1807) die Schiffahrt nicht recht entwickelt werden, weil diese großen und oft stürmischen Wasserflächen für die kleinen Schiffe zu ungünstig sind, dagegen hat die

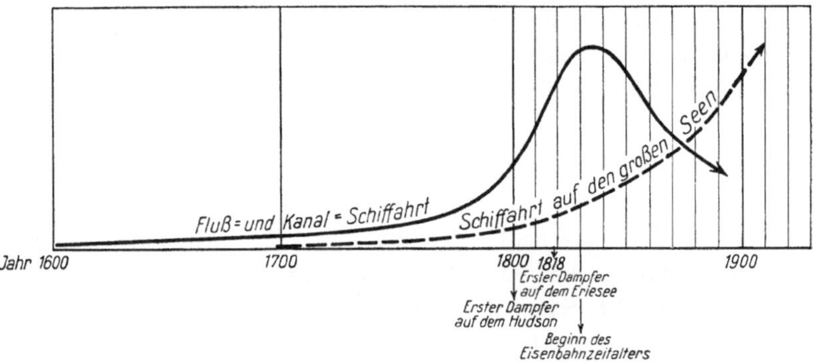

Abb. 22.
Die Bedeutung der verschiedenen Arten von Binnenschiffahrt (schematisch dargestellt).

Schiffahrt auf ihnen unter der neuzeitlichen hochentwickelten Technik (seit 1818) einen großen Aufschwung genommen, da sie sich auch gegen den Wettbewerb der Eisenbahn voll behaupten konnte.

Auf den Flüssen reichte dagegen die primitive Technik für die erste Erschließung aus und sie hat bis etwa 1850 sehr viel geleistet, sie ist dann aber dem Wettbewerb der Eisenbahn erlegen. Die Bedeutung der Fluß- und Kanalschiffahrt einerseits, der Schiffahrt auf den großen Seen andrerseits ist aus Abb. 22 zu entnehmen.

Die Großen Seen, die heute den größten Binnenwasserstraßenverkehr der Welt tragen, haben für die erste Besiedlung (bis etwa 1800) eher ungünstig als fördernd gewirkt. Die Gründe hierfür sind die harten Winter, die Gefahren, die die oft sturmbewegten Wasserflächen für die kleinen Nachen der Erforscher und der ihnen folgenden Eroberer bedeuteten, und die Trennung der Seen durch die Niagarafälle und die andern Stromschnellen. Außerdem waren die hier vorgehenden Franzosen nicht eigentlich Kolonisatoren, sondern sie gründeten nur Forts (aus denen z. B. die Städte Kingston, Detroit, Torento, Depere hervorgegangen sind) und Handels- und Missionsstationen, und für den hiermit verbundenen sehr geringen Verkehr begnügte man sich lieber mit dem Kanu, mit dem man den Flüssen folgte, wobei man die Kähne an den Wasserschnellen und über die niedrigen Wasserscheiden hinübertrug. Die Besiedlung war im Gebiet der Großen Seen auch dadurch erschwert, daß hier kriegstüchtige Indianer zu größeren Stämmen vereinigt waren, hat doch der Indianerhäuptling Pontiac, gleich tüchtig als Soldat wie als Politiker, noch den Engländern große Schwierigkeiten gemacht, nachdem diese das Land den Franzosen 1763 abgenommen hatten, — vgl. die Belagerung der Engländer in Detroit durch Pontiac.

Zu größerer und dann zu sehr großer Bedeutung stiegen die Großen Seen erst seit etwa 1800 auf, nachdem man ihren Wert als einer großen durchgehenden Wasserstraße erkannte, die tief in das Landesinnere und zum Mississippi-Becken hinüberführt. Nun begann die planmäßige Ausnutzung, indem man 1817 mit dem Bau des 1826 in Betrieb genommenen Erie-Kanals begann, der den Zugang vom Hudson zu dem Seengebiet schaffen sollte, und indem man 1818 den Dampferverkehr auf dem Erie-See eröffnete. Im Jahr 1829 vollendete Canada den Welland-Kanal (42 km lang, 110 m Hebung), 1855 wurden die Stromschnellen von Sault Ste. Marie von der Union durch Herstellung einer Schiffsrinne mit Schleusen zu einer sicheren Fahrstraße gemacht. Diese Anlagen sind bis in die Gegenwart ständig verbessert worden.

Mit der Erschließung der Großen Seen durch Dampfer und ihrem Anschluß an den Hudson, mit der Entdeckung der für Getreidebau so günstigen Gebiete im Westen der Seen und mit der ferneren Entdeckung der Erze am Oberen See hat die Besiedlung das Seengebiet auf seiner Nordseite, also auf der canadischen Seite jahrzehntelang gleichsam „übersprungen" (ähnlich wie die Prärien und Felsengebirge nach den Goldfunden in Californien durch die Kolonisation übersprungen worden sind). Diese Entwicklung, für die Union günstig, für Canada zunächst ungünstig, ist auch im Bau der Eisenbahnen zum Ausdruck gekommen, im Lauf der Zeit wird vielleicht die langsamere Entwicklung für Canada zum Segen, die stürmische für die Union zum Nachteil ausschlagen.

Die Schiffahrt auf den Großen Seen steht, was die Belastung der durchgehenden Linie anbelangt, an zweiter Stelle im Weltverkehr, an erster Stelle steht die transatlantische Nordlinie Europa—New York, an dritter die Suezlinie. Es wird aber behauptet, daß der „größte Seeverkehr der Welt" an Detroit vorbei gehe.

Der wirkliche Anschluß der Großen Seen an die Überseeschiffahrt ist nach einem 1932 zwischen den Vereinigten Staaten und Canada abgeschlossenen Vertrag vereinbart worden. In den parlamentarischen Endkampf um diesen Plan ist man jetzt eingetreten. Der Schiffahrtweg, der für 90 % aller Seeschiffe fahrbar sein wird, wird ungefähr 543 Mill. Dollar kosten. Davon werden etwa 272 Mill. Dollar von den Vereinigten Staaten und 271 Mill. Dollar von Canada zu tragen sein, wobei die bereits geleisteten Vorarbeiten, wie Vertiefungen und Regulierungen und der Bau des Welland-Kanals, auf die Gesamtkosten angerechnet werden. — Die wirtschaftlichen Vorteile des neuen Großschiffahrtwegs werden zwar von den beiden Regierungen hoch eingeschätzt. Vorteilhaft werden vor allem die Landwirtschaft und die Industrie des Mittleren Westens betroffen werden, während New York und Montreal mit einem Verkehrsrückgang rechnen müssen. Demgegenüber nehmen Port Arthur, Fort William, Duluth Cleveland und vor allem Chicago, das schon davon träumt, die größte Stadt der Welt zu werden, den Plan mit Begeisterung auf. Die Opposition des Staats New York und des Hafens Montreal behauptet, daß auch bei diesem Kanalbau, wie früher beim Panama- und Suezkanal, die Kosten viel zu gering veranschlagt seien, und daß ein wirkliches Verkehrsbedürfnis überhaupt nicht vorhanden sei.

Zum Verständnis der Fluß- und Kanalschiffahrt erinnere man sich daran, daß um das Jahr 1450 (in Holland oder Italien?) die Kammerschleuse erfunden worden ist und daß es erst auf Grund dieser Erfindung möglich geworden ist, Flüsse richtig zu kanalisieren und Wasserscheidenkanäle zu bauen. Es haben dann in den werdenden westeuropäischen Nationalstaaten große Staatsmänner, z. B. die Hohenzollern, einheitliche Netze für den Binnenwasserstraßenverkehr geschaffen, um die wirtschaftlichen Kräfte ihrer Länder zu stärken und um eine einheitliche Wirtschaftspolitik treiben zu können. Gestützt auf diese technischen Fortschritte, konnten auch in Amerika die Flüsse verbessert (kanalisiert), die Stromschnellen und Wasserfälle mit Seitenkanälen umgangen, und die verschiedenen Flußsysteme mit Wasserscheidenkanälen verbunden werden.

Es lassen sich hierbei folgende zeitlichen Abschnitte und geographischen Gruppen unterscheiden:

1. Die Schiffbarmachung der vielen zum Atlantischen Ozean fließenden Flüsse, namentlich in Neu-England, in den mittleren Atlantischen Staaten und in den östlichen Südstaaten, d. h. also in dem ganzen „Aufmarsch-Gebiet“ von der Küste bis in die Appalachen hinein.

2. Die Schiffbarmachung der Flüsse im Bereich der Großen Seen und die Verbindung der Seen mit dem Ohio.

3. Das Vorwärtstreiben der Binnenschiffahrt von der Atlantischen Küste durch die Appalachen hindurch zu den Großen Seen und zum Ohio. Dieses Ziel wurde bei den Seen 1825 durch den Erie-Kanal erreicht. Dagegen wurden die Kanalpläne, die den Ohio zum Ziel hatten, nicht mehr verwirklicht, vielmehr blieb hier die Entwicklung unter dem Einfluß der schnell hochkommenden Eisenbahnen bei Cumberland stecken. Abb. 23 zeigt die Binnenwasserstraßen nach dem Stand von 1842, man erkennt deutlich, daß die Verbindung Baltimore—Pittsburg fehlt.

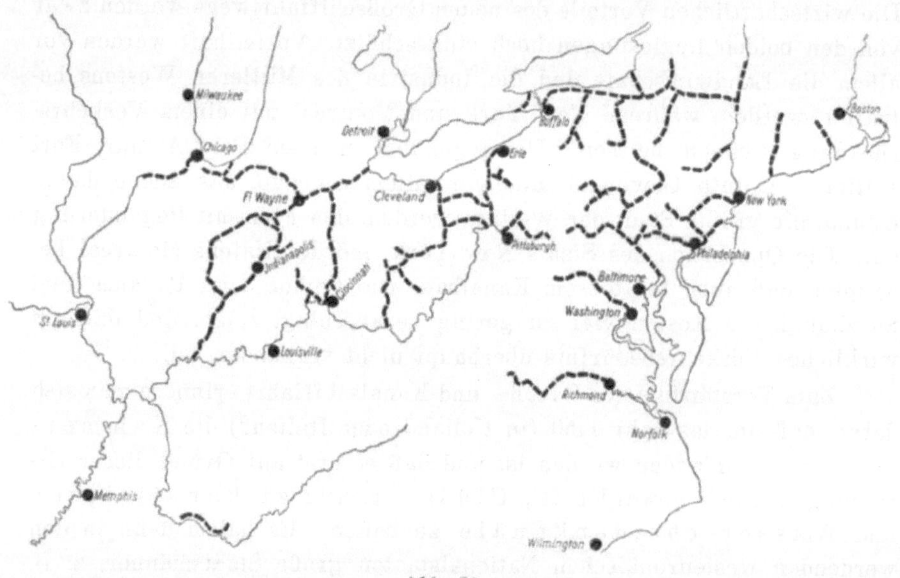

Abb. 23.
Die Kanäle in Nordamerika 1842.

4. Die Aufnahme des Verkehrs auf dem Ohio und Mississippi und seinen Nebenflüssen. Hierbei waren die Schiffe anfänglich sehr primitive Flachboote, die nur für die Talfahrt verwandt wurden, und erst die Einführung von Kielbooten und Dampfkraft ermöglichte auch die Bergfahrt zu einigermaßen wirtschaftlichen Bedingungen. Der Dampferverkehr entwickelte sich gut von 1812 bis 1880, erlag dann aber stark der Eisenbahn.

Über den Erie-Kanal urteilt v. Gerstner 1839 (a. a. O. S. 1):

„Mit Ausnahme weniger unbedeutender Strecken sind sämtliche Kanäle und Eisenbahnen in Nordamerika erst in den letzten 20 Jahren (also 1817 bis 1839) entstanden. Den Hauptimpuls gaben die Resultate des Erie-Kanals. Sein Zweck besteht darin, die westlichen überaus fruchtbaren Staaten Michigan, Indiana, Illinois und Ohio, sowie den westlichen Teil des Staats New York mit dem Hudson und hierdurch mit New York, dem ersten Handelsplatz der Union, zu verbinden . . .

Die Baukosten wurden vom Staat New York größtenteils durch Darlehen aufgebracht, weil man aber anfangs befürchtete, daß die Abgaben zur Deckung der Kapitalzinsen nicht ausreichen würden, so wurde vom Staat eine Taxe auf Auktionen, Salz und Dampfschiffe gelegt und dem Kanalfonds zugewiesen . . .

. . . Der reine Gewinn bezahlte binnen wenigen Jahren den ganzen Baufonds, der Staat hat sich also, indem er seinen Kredit für ein so großes Werk hergab, außer der Beförderung des Wohlstands des Lands noch Quellen bedeutender jährlicher Einnahmen geschaffen."

„Kein Land der Welt hat einen Kanal von solcher Länge aufzuweisen, der, in wenigen Jahren ausgeführt, so ungeheure Resultate gab."

Über die Entwicklung der Dampfschiffahrt auf den Flüssen und Seen urteilt v. Gerstner (a. a. O. S. 35):

„Fulton baute 1807 das erste Dampfboot, um reguläre Reisen auf dem Hudson zwischen New York und Albany zu machen. Diese Reisen von rd. 230 km dauerten damals 33 Stunden. Der Erfolg war, daß immer mehr solcher Schiffe in Amerika gebaut wurden . . .

Bis zu jener Zeit gingen die Barken auf dem Ohio und Mississippi teils mit Segeln, teils mit Rudern und Stangen, von Cincinnati nach New Orleans (rd. 2500 km) ging eine Barke in 35 Tagen stromab und in 80 bis 90 Tagen stromauf, sie erforderte 9 Mann abwärts und 24 bis 32 Mann aufwärts. 1811 wurde das erste von Fulton am Ohio in Pittsburg erbaute Dampfschiff in Betrieb gestellt, es gebrauchte für rd. 500 km 3 Tage stromab und 7 bis 8 Tage stromauf . . ."

„Fulton baute noch mehrere Dampfschiffe in der Union und ging nach Europa, um seine Erfindung auch hier einzuführen. Er wurde in England nirgends unterstützt, von den Franzosen ausgelacht, von Napoleon für einen Abenteurer erklärt. . . Erst 1812 baute Ball zu Glasgow ein Dampfschiff. Nun kam die Dampfschiffahrt zwar nach und nach in Europa in Aufschwung, sie hat aber (bis 1839) noch nirgends eine solche Ausdehnung erlangt wie in Amerika . . .

1817 ging das erste Dampfschiff von New Orleans nach Louisville und zwar brauchte es nur 30 Tage. Die Dampfschiffe wurden nun schnell vermehrt. 1834 waren es 234, 1838 schon 400 . . .

1818 ging das erste Dampfschiff auf den Großen Seen, 1835 waren es 25 und 1838 schon 70. . . Im ganzen verkehrten 1838 in Nordamerika rd. 800 Dampfschiffe, davon 140 im Staat New York. . . Die größten Werften für Dampfer haben New York, Philadelphia, Baltimore, Louisville, Albany, Cincinnati und Pittsburg . . ."

Die Binnenwasserstraßen sind in Amerika allerdings durch die Eisenbahnen entthront worden, und auch der neue Barge-Kanal (Ersatz Erie-Kanal) wird vielfach als ein Fehlschlag bezeichnet. Das ändert aber nichts an der Tatsache, daß sie in der Entwicklung des Lands eine große und in manchen Gebieten ausschlaggebende Rolle gespielt haben.

Viele mögen sich privatwirtschaftlich als ungünstig für die Geldgeber — seien dies Private, seien es öffentliche Körperschaften — erwiesen haben, volkswirtschaftlich haben sie alles geleistet, was man billigerweise von ihnen fordern durfte. Fehlerhaft war es aber, daß man noch Wasserstraßen, noch dazu in wenig günstiger Linienführung und in primitiver Ausstattung weiter baute, als die Eisenbahn ihre Leistungsfähigkeit schon erwiesen hatte. Wir brauchen aber auf diese Frage nicht näher einzugehen, denn einerseits ist unsere Arbeit nicht dem gegenwärtigen Stand der Verkehrstechnik, sondern dem Einfluß des Verkehrs auf die Entwicklung des Lands gewidmet, andrerseits wird über die Binnenwasserstraßen Nordamerikas demnächst eine besondere Abhandlung erscheinen.

Über die Bedeutung der Kanäle im Eisenbahnzeitalter urteilt v. Gerstner 1842 (a. a. O., Vorrede):

„Obschon seit der allgemeinen Einführung der Eisenbahnen Kanäle allenthalben viel seltener gebaut und mit weniger Interesse betrachtet werden, so spielen sie doch in den Vereinigten Staaten eine sehr wichtige Rolle, und es ist nicht zu leugnen, daß sie in vielen Fällen, besonders wo es sich um die wohlfeile Beförderung von großen Massen, von Rohprodukten und voluminösen Gegenständen handelt, noch lange den Vorzug vor den Eisenbahnen behalten werden.

Die 86 Kanäle, die bis zum Jahr 1840 in der Union gebaut worden sind, haben eine Gesamtlänge von rd. 8500 km, und ihre Gesamtkosten werden sich auf 600 000 000 *M* belaufen . . .“.

„Zu den vorzüglichsten Mitteln für die Erleichterung und Beschleunigung des inneren Verkehrs gehört unstreitig auch die Dampfschiffahrt, die in Amerika eine erstaunenswerte Ausdehnung erlangt hat . . .“

Wenn wir vorstehend die Urteile Gerstners eingehender wiedergegeben haben, so müssen wir aber darauf hinweisen, daß zur genaueren Würdigung vor allem auf die Abhandlungen von Friedrich List aufmerksam zu machen ist, sie sind in der neuen List-Ausgabe im zweiten Teil des dritten Bands im Wortlaut abgedruckt und eingehend erläutert.

Praktisch genommen, besteht das nordamerikanische Binnenwasserstraßennetz aus zwei Systemen:

1. dem der Großen Seen mit dem St. Lorenz-Strom, dem Bargekanal und Hudson und

2. dem Mississippi-System.

Das Netz ist in Abb. 23a dargestellt, aus der auch die sehr verschiedenen Wassertiefen zu entnehmen sind.

Dem Präsidenten Hoover schwebte der Ausbau eines großen Netzes vor, das außer dem System der Großen Seen ein Mississippi-System vorsah. Dieses sollte ein großes Kreuz bilden mit dem West-Ost-Balken Kansas City—St. Louis—Pittsburg und dem Süd-Nord-Balken New Orleans—St. Louis, der sich oberhalb dieser Stadt in den Zweig nach St. Paul (also über den Mississippi) und den Zweig nach Chicago—Duluth (also über den Illinois und die Seen) teilen sollte. Hoover hat zweifellos die Kosten für diese Bauten und die Leistungsfähigkeit der Eisenbahnen unterschätzt und die allgemeine Bedeutung der Binnenwasserstraßen und die künftige Verkehrszunahme überschätzt.

Die Bändigung des Mississippi ist erst seit 1928 richtig in Angriff genommen worden, es handelt sich dabei hauptsächlich um den Schutz der Umgebung gegen die furchtbaren Hochwasser. Nach einem „Zehnjahrsplan“ werden Schutzdämme in einer Gesamtlänge von 3000 km ausgeführt, von den Gesamtarbeiten, die 500 000 000 cbm Erdarbeiten umfassen, ist zur Zeit (Anfang 1934) etwa die Hälfte ausgeführt. — Mit Arbeitsbeschaffung hat dieses große Werk nichts zu tun, die Ausführung ist vielmehr in den Zeiten der „prosperity“ begonnen worden, es wird daher auch mit einem großen Maschinenpark gearbeitet und auf schnellen Baufortschritt großer Wert gelegt.

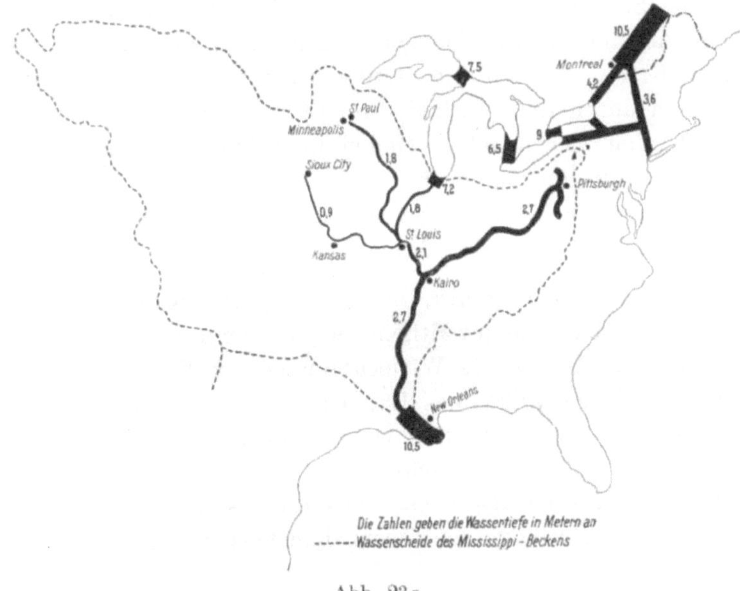

Abb. 23a.
Das gegenwärtige Binnerwasserstraßennetz.

2. Die Eisenbahnen.

So hoch man die Bedeutung der Binnenwasserstraßen für die erste Besiedlung Amerikas einschätzen muß, so ist doch die Eisenbahn als die Hauptträgerin der weiteren Kolonisation zu bezeichnen. Leider fallen auf das strahlende Bild ihrer großen Leistungen viele dunklen Schatten von Fehlern, Sünden und Verbrechen.

Die Geschichte der Eisenbahnen Nordamerikas läßt sich nach v. d. Leyen in folgende Abschnitte einteilen:

1. Der erste Abschnitt dauert von 1830 bis 1869, d. h. bis zur Vollendung der ersten Pacificbahn, er kann in zwei Unterabschnitte gegliedert werden:

1830 bis etwa 1855, Fertigstellung der Hauptlinien in den östlichen Gebieten, zum Teil beeinflußt durch die starke Einwanderung nach 1848, 1855 bis 1869, zuerst Zurückhaltung wegen der politischen Wirren und des Bürgerkriegs, dann schneller Aufstieg nach dessen Beendigung (1864).

2. Der zweite Abschnitt dauert von 1869 bis 1887, d. h. bis zum Erlaß des Bundesverkehrsgesetzes. In ihm wird das Eisenbahnnetz im Osten und in den mittleren Gebieten stark ausgebaut. Die zu starke Verdichtung des Netzes führt zu schweren Kämpfen zwischen den verschiedenen Eisenbahngesellschaften, hier ist besonders der Kampf zwischen den „Trunk-Linien", d. h. den großen Durchgangslinien, zu erwähnen, der von 1873 bis 1877 dauerte. Die Überproduktion an Eisenbahnlinien und Bahnhöfen und die Kämpfe führten zu schweren, die Gesamtwirtschaft erfassenden Krisen, die mit dem Aufkauf der schwachen (bankerotten) Gesellschaften durch die starken führten und Monopolstellungen der „Eisenbahnkönige" begründeten. Gegen die Mißbräuche der Spekulanten und Monopolgewaltigen gingen die einzelnen Staaten und schließlich die Bundesregierung vor. Dies führte schließlich zur Beaufsichtigung des „zwischenstaatlichen" Verkehrs durch den Bund.

3. Der dritte Abschnitt, von 1887 ab, ist gekennzeichnet durch den Kampf der Eisenbahngewaltigen gegen den Bund, unter dem der Wohlstand des Lands und die Wirtschaftslage der Eisenbahnen schwer leiden. Im Weltkrieg wurde das Experiment gemacht, die Eisenbahnen in bundesstaatliche Verwaltung zu nehmen, aber es mißglückte. Gegenwärtig leiden die Eisenbahnen schwer unter der allgemeinen Krise und dem Wettbewerb des Kraftwagens. Dies führt seit 1917 zu einer Verminderung der Gesamtlänge des Eisenbahnnetzes infolge Stillegung von unrentablen Linien.

Diese Einteilung kann in unserem Zusammenhang durch die nachstehende Einteilung ergänzt werden, die von der Reihenfolge der regionalen Erschließungen ausgeht:

1. 1830 bis 1843. Verzettelter Bau kleiner zusammenhangloser Linien, meist in Form kurzer Stichbahnen von den atlantischen Häfen aus. starke Verschiedenheiten in der technischen Ausgestaltung und sogar in der Spurweite, die überhaupt erst 1886 (!) einheitlich festgelegt wird. Zweck der Bahnen: Erschließung kleiner Landstriche, meist als Hinterland der einzelnen Häfen, — erste Bahn war eine von Baltimore ausgehende Stichbahn[1].

---

[1] Nähere Angaben bei Pontzen, Das Eisenbahnwesen in den Vereinigten Staaten, Wien 1877; ferner in Andree, Nordamerika, 1854.

2. 1843 bis 1850. Planmäßiges Vordringen von den atlantischen Häfen durch die Appalachen zu den Großen Seen und zum Ohio-Gebiet.

3. 1854 der Vorstoß bis zum Mississippi.

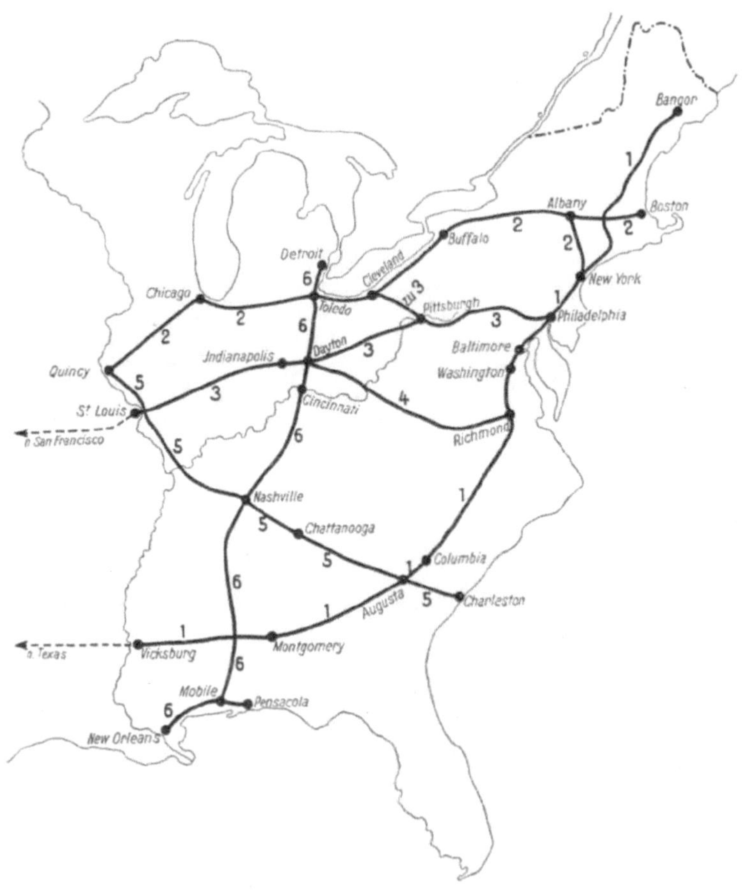

Abb. 24.
Das 1847 entworfene Nationale System von Eisenbahnen.

4. 1869 die Durchquerung der Prärien und der Felsengebirge und außerdem, von 1863 ab, die Erschließung des bis dahin stark vernachlässigten Südens.

Die Nachteile, die daraus entstanden, daß die Eisenbahnen nicht nach einem einheitlichen Plan entworfen worden waren, wurden schon frühzeitig empfunden, und es wurde daher schon 1847 der Plan zu einem „Nationalen Eisenbahnsystem“ entworfen, das gemäß Abb. 24 folgende Hauptlinien vorsah:

1. Von Neu England über New York—Philadelphia—Baltimore—Richmond—Raleigh—Augusta—Columbus—Montgomery—Jackson nach Vicksburg.

2. Von Boston und New York über Buffalo—Erie—Cleveland—Chicago nach Quincy.

Abb. 25.
Die im Jahr 1842 fertigen, im Bau befindlichen und ernstlich geplanten Eisenbahnen.

3. Von Philadelphia über Pittsburg—Indianapolis nach Alton (St. Louis), mit Zweigbahn nach Erie oder Cleveland.

4. Von Richmond über Lynchburg nach Dayton (an der dritten Linie).

5. Von Charleston über Augusta—Chattanooga—Nashville nach St. Louis.

6. Von Neu Orleans über Mobile—Nashville—Cincinnati—Dayton nach Detroit.

Abb. 26.

Das Eisenbahnnetz Nordamerikas 1862. Man beachte die starken Kontraste zwischen den sehr dicht belegten und den vollständig unerschlossenen Gebieten.

Im ganzen würde dieses Netz rd. 11 000 km Länge gehabt haben, die Linien endeten im Westen am Mississippi, es wurden aber schon Fortsetzungen nach Texas und zum Stillen Ozean angedeutet. — Wie unorganisch sich aber das Netz entwickelt hat, ist aus Abb. 25 und 26 zu entnehmen, die den Zustand im Jahr 1842 und 1862 darstellen.

Der Eisenbahnbau wurde in seinen ersten Jahrzehnten von allen Seiten, auch von den einzelnen Staaten und dem Bund gefördert und auch durch finanzielle Hilfen, Bürgschaften, Zollfreiheit, unentgeltliche Landhergabe und vor allem durch Landschenkungen und Konzessionen auf Wälder und Bodenschätze unterstützt. Der Bau war ungewöhnlich billig, da man an Unter- und Oberbau die denkbar geringsten Anforderungen stellte — was übrigens ein starker Anreiz zu guten maschinentechnischen Leistungen im Fahrzeugbau wurde. Der vielfach zu große Optimismus führte in Verbindung mit Korruption zu schweren Sünden bei der Finanzierung und demgemäß zu schweren Rückschlägen. Die Krisen, von denen 1873 und 1884 das amerikanische Wirtschaftsleben erschüttert wurde, sind zum Teil auf die Mißwirtschaft im Eisenbahnwesen zurückzuführen.

Die berüchtigte große Weltkrise von 1873 wurde dadurch verursacht, daß die Eisenbahnen eine „prosperity" vorgetäuscht hatten. Hierdurch gingen nicht nur ihre eigenen Aktien in die Höhe, sondern es wurde auch die Industrie veranlaßt, ungeheure Investierungen für die Erzeugung von Eisenbahnmaterial vorzunehmen. Dann kam der Rückschlag, er traf aber nicht nur die Eisenbahn, sondern auch die aufgeblähte Industrie, denn die Eisenbahnen konnten nun keine Bestellungen mehr geben. — Dies hat v. d. Leyen schon 1885 klar beschrieben, aber 1929 haben fast alle „Wirtschaftsführer" der Welt wieder einmal an die ewige „prosperity" geglaubt!

Roosevelt schreibt:

„Seit neunzig Jahren sind die Eisenbahnen das wesentlichste Mittel, das uns alle zu einer nationalen Einheit verknüpft hat ... Für die Erschließung des Westens war die Eisenbahn der entscheidende Faktor ...".

„Bei dieser Entwicklung haben wir große Heldentaten, großes Vertrauen und leider auch große Ungerechtigkeiten erlebt. Als die Eisenbahn zum erstenmal in den Westen vordrang, wurde sie als ein Wunder betrachtet, später, als sie unter der Herrschaft von Leuten stand, die leider keinen Sinn für die Interessen der Allgemeinheit hatten, wurde sie als ein gefräßiger Polyp betrachtet, der den Menschen die Lebenskraft aussog ... Man hat geschätzt, daß der amerikanische Geldgeber das Eisenbahnnetz nach und nach dreifach überzahlt hat."

Von den ungesunden Finanzverhältnissen und den üblen Machenschaften gewisser Bankiers warnte bereits 1886 J. v. Parseval, indem er schrieb:

„Immer höher hinauf schwingen sich die Kurse der fremden Renten, immer weiter aufwärts streben die Niveaus der ... Banken, ... immer tiefer sinkt der Zinsfuß am offenen Markt, und es wachsen die Verlegenheiten der finanziellen Kreise, die Kanäle zu finden, in welche die anschwellende Flut der anlagesuchenden Gelder nutzbringend eingelenkt werden könnte. Man begnügt sich nicht mehr, Finanzgeschäfte auf dem europäischen Kontinent zu suchen, weit hinaus über den Ozean schweift der sehnsüchtige Blick der tatendurstigen Finanzmächte.

Die zahlreichen und beträchtlichen Verluste, die das deutsche Publikum an amerikanischen Bonds erlitt, hätten größtenteils vermieden werden können, wenn Vorgeschichte und Betrieb der einzelnen amerikanischen Bahnen in Deutschland bekannt gewesen wären."

Über das offiziöse „Manual of American Railways" von Poor wird das harte Urteil gefällt:

„Auch kann diesem Buch der Vorwurf nicht erspart werden, daß es über gewisse skandalöse Vorkommnisse, die das zahlende Publikum sehr nahe berühren, gänzlich schweigt."

. . . „Die Gesamtresultate der amerikanischen Bahnen waren 1884 und 1885 bekanntlich sehr ungünstig. Die dem Verkehrsbedürfnis vorausgeeilte Spekulation hatte eine Menge Konkurrenzbahnen gebaut, die sich in hartnäckigem Tarifkrieg bekämpften. Die Gesamteinnahme blieb 1884 um mehr als eine Milliarde Mark hinter der Erwartung zurück, — 16 Eisenbahnen verfielen dem Zwangsverkauf! 1885 sind 44 Eisenbahngesellschaften mit rd. 14 000 km, rd. 840 Millionen *M* Obligationen und rd. 800 Millionen *M* Aktien unter Zwangsverwaltung gestellt worden . . .

. . . Die Zahl der jährlich im Zwangsweg verkauften Eisenbahnen beträgt durchschnittlich 12 bis 20 . . .

. . . Inzwischen ist es gelungen, amerikanische Eisenbahnaktien an der Berliner und Frankfurter Börse einzuführen. Da der raschen Kurssteigerung gleich rasche Entwertungen an der New-Yorker Börse zu folgen pflegen, so wird der deutsche Besitzer amerikanischer Bahnaktien mit ganz besonderem Eifer Aufschlüsse über Gründung und Betrieb der amerikanischen Bahnen zu sammeln haben, wenn er vor Verlusten bewahrt bleiben will . . . ."

. . . „Obgleich die Länge der Eisenbahnen Nordamerikas zur Zeit schon mehr als 200 000 km beträgt, so sind doch von der Bundes- und den Staatenregierungen Gesuche für weitere 70 000 km genehmigt, die 1886 gebaut werden sollen" . . . .

. . . „Ein Blick auf die Karte genügt, um die Gründe der häufigen Zahlungsunfähigkeit der Bahnen klarzulegen: In den bevölkerten Staaten machen sich die zahlreichen Parallelbahnen vernichtende Konkurrenz, in den westlichen, resp. weniger bevölkerten Staaten fehlt es an Verkehr . . . .

. . . Die Vermutung, daß nur die in ihrer Heimat kreditlos gewordenen Unternehmer die europäischen Börsenplätze aufsuchen, würde aber zu weit gehen." . . . .

Um überhaupt zu begreifen, daß in Amerika so viele Bahnen gebaut worden sind, muß man immer im Auge behalten, daß in diesem jungen Land C h a u s s e e n kaum vorhanden waren, daß vielmehr die Eisenbahn oft die erste gebahnte Straße war. Hierfür genügte dann aber auch eine ganz primitive Ausstattung, viele dieser „Schienenwege" hatten H o l z - schienen, die nur einen Eisenbeschlag hatten. Noch im Bürgerkrieg konnten die Schienenwege deswegen so schnell und gründlich zerstört werden, weil man den Oberbau einfach — a b b r e n n e n (!) konnte.

Damit aber die Andeutung, daß die ersten Bahnen im Bau außergewöhnlich billig gewesen sind, nicht mißverstanden wird, seien die Schwierigkeiten, die beim Bau der P a c i f i c bahnen zu überwinden waren, nachstehend kurz beleuchtet.

Diese erste Pacificbahn, deren allgemeiner Verlauf aus Abb. 27 und 27a zu entnehmen ist, mußte, wie ihre Nachfolgerinnen, ungewöhnlich große Höhen erklimmen. Die höchsten Scheitelpunkte liegen im Felsengebirge auf + 2438 m, in der Sierra Nevada auf + 2141 m, vgl. dagegen Gotthard-

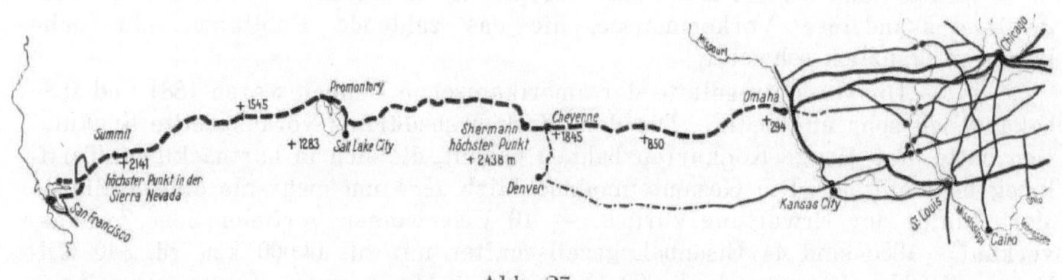

Abb. 27.
Die älteste Pacificbahn (1869).

bahn + 1154 m, Albulabahn + 1823 m, Berninabahn + 2256 m. Trotz der großen Höhen war der Bau doch nicht so schwierig wie etwa in den Alpen, denn es standen für die Auffahrtrampen so langgestreckte Täler zur Verfügung, daß die Bahn nur 18 ⁰/₀₀, meist sogar nur 13,3 ⁰/₀₀ (1 : 58 und

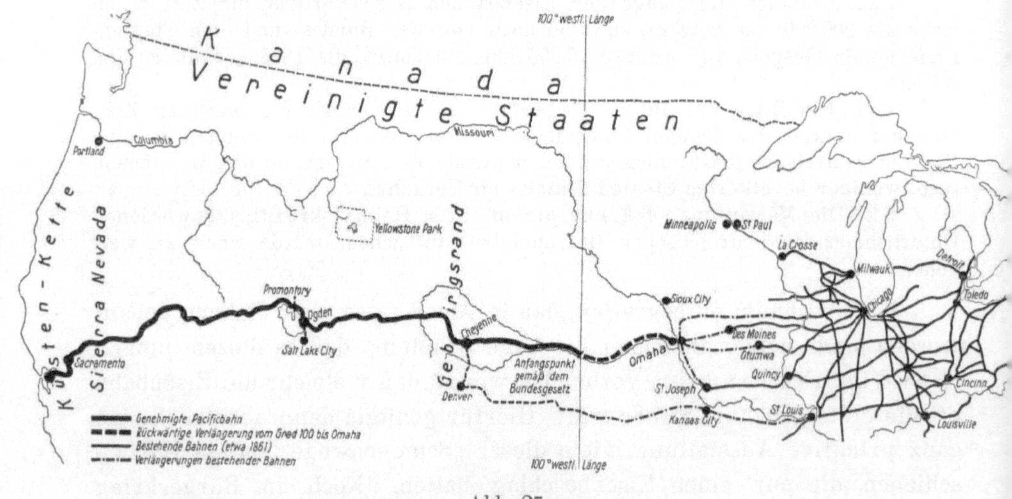

Abb. 27 a.
Die Pacificbahn gemäß dem Bundesgesetz.

1 : 75), Steigung zu erhalten brauchte, auch künstliche Längenentwicklungen und Tunnel wurden kaum notwendig. Allerdings hat man sich bei dieser primitiven Trassierung mit vielen verlorenen Steigungen und Linienverlängerungen abfinden müssen, aber man brauchte diese nicht

zu scheuen, denn der Verkehr war schwach, die Zugförderung konnte also teuer sein. Im Lauf der Zeit sind umfangreiche Verbesserungen vorgenommen worden. Die bemerkenswerteste ist die schnurgerade Durchquerung des (sehr flachen) Salzsees, durch sie wurden folgende Verbesserungen erzielt: Abkürzung von 236 auf 166 km, also um 70 km oder 30 %, Ausmerzung von zwei verlorenen Steigungen von 150 und 210 m Höhe, Verringerung der Gesamtsumme der Winkel der Bögen von 4260° auf 340°.

Anders als die Pacificbahnen der Union sind die Canadas mit sehr starken Steigungen angelegt worden. Die Gründe hierfür sind das schwierigere Gelände und die möglichste Herabdrückung des Baukapitals. Da man nämlich nur mit einem geringen Anfangsverkehr rechnen konnte, trassierte man bewußt mit starken Steigungen und scharfen Krümmungen — aber mit dem Vorbehalt, später, wenn der Verkehr sich entwickelt haben werde, die Linien zu verbessern. Solche Verbesserungen sind auch tatsächlich in großem Maßstab durchgeführt worden: Es ist z. B. 1908 eine rd. 7 km lange Strecke von 45 ‰ Steigung, die von den Personenzügen mit 3, von den Güterzügen mit 6 Lokomotiven überwunden wurde, durch den Bau von zwei Kehrtunneln auf nur 22 ‰ Steigung gebracht worden. An einer anderen Stelle wurde durch den Bau eines 7950 m langen Tunnels, des längsten in Canada, und von 21,85 km neuer Strecke eine verlorene Steigung um 168 m Höhe vermindert; außerdem wurde die Linie um 7,1 km abgekürzt; hierbei konnten auch noch 6,6 km Schneegalerien erspart werden.

Das Unverständnis, das lange Zeit gegenüber den wirtschaftlichen Möglichkeiten der (trotz einfachsten Baus doch recht kostspieligen) Eisenbahn herrschte, hat den Ausbau des Netzes sehr sprunghaft gestaltet. Wie aus Abb. 28 hervorgeht, war die Zunahme der Gesamtlänge nicht gleichmäßig, sondern sehr unregelmäßig. In Amerika wurden in einem Jahr bis zu 18 000 km neue Linien gebaut, also etwa ein Drittel des heutigen Eisenbahnnetzes Deutschlands, wo eine Bahn — NB. eingleisig und mit einfachster Ausstattung — voll ausreichte, wurden zwei, drei und noch mehr Bahnen angelegt, die einander ungefähr parallel laufen. Als dann der Rückschlag kam, stockte der Bahnbau fast vollständig. Es ist einleuchtend, daß auch der gleichmäßige Gang der Kolonisation unter dieser sprunghaften Entwicklung stark leiden mußte.

Zu diesen zeitlichen Schwankungen kam noch hinzu, daß der Ausbau auch regional ungleichmäßig war. Insbesondere wurde bis zum Ende des Bürgerkriegs von der Eisenbahn fast nur der Norden erschlossen, während der Süden vernachlässigt blieb. Die Gründe sind oben ausgeführt, und auch nach dem Bürgerkrieg blieb der Süden bezüglich des Eisenbahnbaus derart vom Norden abhängig, daß heute nur ganz wenige Bahngesellschaften des Südens ihre Generaldirektion im eigenen Land haben, fast alles ist vielmehr in New York (teilweise auch in Boston) konzentriert.

Mit der Ausdehnung der einzelnen Linien über größere Längen hinüber wurde auch der Wettbewerb der einzelnen Staaten und ihrer führenden Hafenstädte wirksam. Wie bei der Anlage der großen durchgehenden Linien die verschiedenen Kulturlandschaften und als ihre berufenen Vertreter die einzelnen Bundesstaaten und ihre führenden Städte

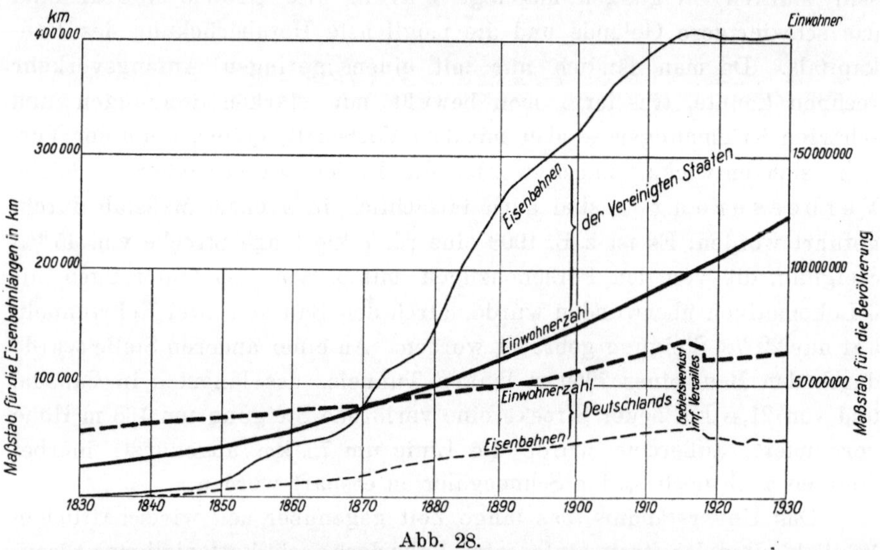

Abb. 28.
Entwicklung der Eisenbahnen im Verhältnis zum Bevölkerungswachstum.

eine ihnen günstige, dem Nachbarn aber ungünstige Eisenbahnpolitik trieben, läßt sich besonders gut an dem Kampf zeigen, den die Nachbarn New Yorks gegen diesen furchtgebietenden Rivalen führten, vgl. hierzu die Abb. 29. Hierbei sei, obwohl sich ein unmittelbarer Zusammenhang vielleicht nicht nachweisen läßt, auch Canada mit einbezogen, denn die Staatengrenze hat hierbei mehrfach nicht als Hindernis gewirkt.

Als New York und die Hudson-Mohawk-Senke nach dem — geschichtlich begründeten — anfänglichen Zurückbleiben durch den Bau des Eriekanals aufzusteigen begannen, erkannten Neu-England (Boston), Pennsylvanien (Philadelphia) und die Südstaaten (Baltimore) und wohl auch Canada (Montreal und Quebec), welche Gefahr ihnen von diesem geographisch so bevorzugten Gebiet drohte, und waren auf Abwehr bedacht.

Hierbei war vor dem Eisenbahnzeitalter Neu-England am ungünstigsten gestellt, denn es mußte für seine Industrie eine Verbindung nach dem in raschem Aufstieg begriffenen und für die Aufnahme von Industrieerzeugnissen so wichtigen Mittelwesten herstellen, stieß dabei aber auf die obenerwähnten, in der Gestaltung und Richtung seiner Gebirgszüge und Flüsse begründeten Hindernisse. Da es mit Landwegen und Kanälen hiergegen nicht angehen konnte, nahm das damals wirtschaftlich noch sehr starke Neu-England den Kampf auf, indem es schon 1843 seine Boston- und Albany-Bahn bis Buffalo vortrieb, und es ist ihm hierdurch auch gelungen, sich seinem Anteil an den schnell erstarkenden Märkten des mittleren Westens zu sichern.

Abb. 29.
Der Rivalitätskampf der Nachbarn gegen New York.

P h i l a d e l p h i a wandte ein anderes System an: Da hier die Flüsse schon (seit 1791) wesentlich verbessert und Kanäle gebaut worden waren, ohne daß aber die Schiffsverbindung mit dem Ohio erreicht worden war, so wurde 1834 eine S c h i f f s e i s e n b a h n (portage railroad) gebaut, auf der die (sehr kleinen) Schiffe zum Ohio-Gebiet hinübergefahren wurden. Dieses System rettete trotz seiner geringen Leistungsfähigkeit für zwei Jahrzehnte das Pittsburger Hinterland für Philadelphia, aber mit dem Bau der Pennsylvaniabahn (1854) geriet die Schiffseisenbahn in Verfall, denn durch diese Bahn wurde Philadelphia mit Pittsburg in einer allen Ansprüchen gerecht werdenden Weise verbunden.

Hierbei wäre ihm übrigens beinahe B a l t i m o r e zuvorgekommen, denn die Baltimore- und Ohio-Bahn sollte diesen Hafen mit Pittsburg verbinden. Hier griff aber die Staatsgewalt als Retter ein: der Staat Pennsylvanien verbot nämlich freundnachbarlich dieser Linie, seine Staatsgrenze zu überschreiten und drängte dadurch die Trasse auf Cumberland und Wheeling ab, so daß sie einen Umweg machen und größere Höhen erklettern mußte.

Wie Canada, Montreal und Quebec ihre Eisenbahnen — zur Umgehung New Yorks? — nach Süden zu eisfreien Häfen vorgestoßen haben, ist aus Abb. 29 zu entnehmen, hierbei hat Canada es nicht verschmäht, das Gebiet der Union zu durchfahren.

Daß New York durch die drei Bahnen: Boston- und Albany-Bahn (1843), Baltimore- und Ohio-Bahn (1853) und Pennsylvania-Bahn (1854) tatsächlich umgangen werden kann, ist aus Abb. 29 deutlich zu erkennen. Die Stadt mußte sich also rühren, und es gelang ihr, vgl. Abb. 30, die New York Central-Bahn über Albany nach Buffalo zu schaffen, und da diese infolge ihrer günstigen Steigungsverhältnisse den anderen Bahnen überlegen war, konnte New York die Konkurrenz niederschlagen. Als in der Folgezeit noch zahlreiche Eisenbahnen von New York in gestreckterer Richtung, aber mit ungünstigeren Steigungen nach dem Westen vorgetrieben wurden, mußte auch die Pennsylvaniabahn, um sich zu behaupten, nach rückwärts den Anschluß an New York suchen, vgl. Abb. 30, die Pennsylvaniabahn, einst für Philadelphia gegen New York gebaut, geht heute von New York aus, und Philadelphia ist nur ein Zwischenpunkt auf der großen Linie New York—Pittsburg—Chicago.

Die bei der Entwicklung des Eisenbahnnetzes gemachten Fehler:

daß einerseits zu viel Bahnen gebaut,

daß aber anderseits große Gebiete gleichwohl ohne Eisenbahnen blieben,

hat zu weiteren, für das Siedlungswesen folgenschweren Nachteilen geführt:

1. In den bevorzugten, d. h. den zu dicht belegten Gebieten haben sich die Eisenbahnen an einzelnen Punkten zu stark zusammengeballt.
2. Es sind zu wenig Neben- und Kleinbahnen gebaut worden.
3. Es sind zu wenig Zwischenstationen vorgesehen worden.
4. Die kleinen Orte sind in Fahrplan und Tarifen vernachlässigt worden.

Hierzu sei noch ausgeführt:

Zu 1. Wenn ein Landesgebiet ein sehr dichtes Eisenbahnnetz aufweist, so kann hiermit — zwar nicht für das Gesamtland, wohl aber für die so gut bedachte Region — eine siedlungspolitisch günstige Dezentralisation erzielt werden, ein hervorragendes Beispiel hierfür ist der rheinisch-westfälische Industriebezirk, in dem die drei Eisenbahn-Hauptlinien auch eine dreifache Städtereihe (je die über Elberfeld, Essen und

Gelsenkirchen) haben heranwachsen lassen, so daß in diesem so bedeutungsvollen Gebiet glücklicherweise keine Riesenstadt entstanden ist, andere Beispiele bieten die Frankfurter Bucht und der Gebirgsrand Hannover—Leipzig. In Nordamerika hat sich aber vielfach keine Dezentralisation ergeben, vielmehr weisen hier, wie oben ausgeführt, starke geographische Kräfte auf die Zusammenballung an bestimmten Punkten hin, und es waren vielfach keine geschichtlichen (menschlichen) Kräfte vorhanden, die dieser Konzentration bewußt entgegenarbeiteten. Eine Ausnahme bildet der Rivalitätskampf zwischen New York und seinen Nachbarn. Im übrigen wurden aber für die Eisenbahnen die (wenigen) Häfen als Ausgangspunkte genommen, und es wurde nach den gleichen Zielen im Landesinnern gestrebt, nach Pittsburg, Buffalo, Chicago, St. Louis. Die so segensreiche Auflösung des einen scheinbar in der Natur begründeten Knotenpunkts in mehrere Stationen, wie sie in Deutschland z. B. in der Kölner, Frankfurter und Leipziger Bucht erzielt worden ist, findet man daher in Amerika kaum, dagegen laufen in gewissen unnatürlich aufgeblähten Zentren zu viele Linien zusammen.

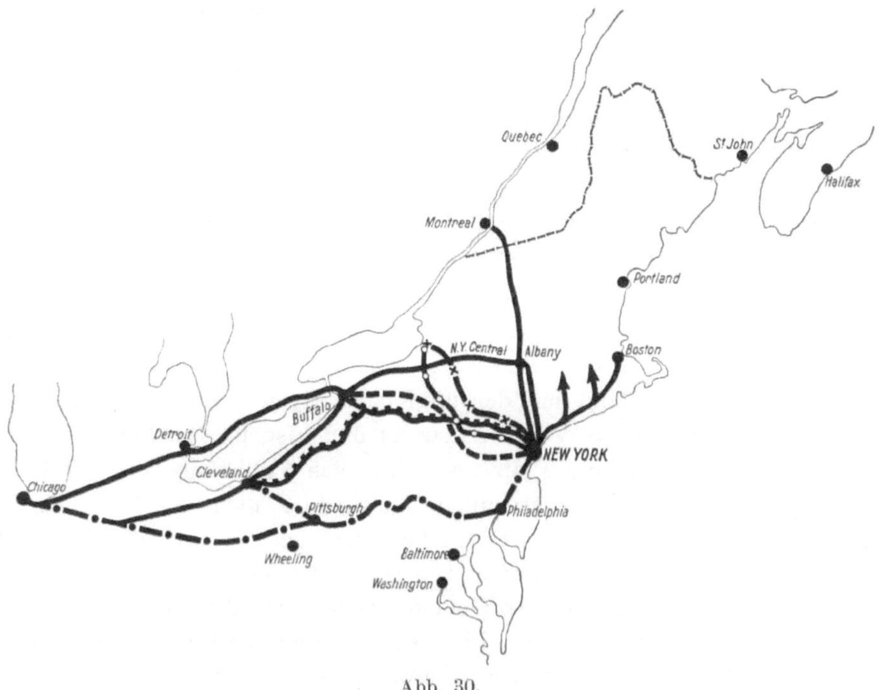

Abb. 30.
Der Sieg New Yorks über seine Nachbarn.

Die überstarke Verdichtung der Eisenbahnen in den bevorzugten Gebieten hat noch den — auch von Fachleuten oft übersehenen — Nachteil, daß nicht nur zu viele Linien, sondern daß vor allem auch zu viel Bahnhöfe vorhanden sind. Hierbei muß aber, um Irrtümern zu begegnen, hervorgehoben werden, daß die amerikanischen Bahnen durchschnittlich zu wenig Bahnhöfe haben, weil sie zu wenig kleine Zwischenstationen haben (s. u.). Das Zuviel an Bahnhöfen betrifft wieder nur die größeren Städte. Diese haben hiervon zum Schaden der kleinen Orte die Vorteile guter Bedienung, billiger Frachtsätze und niedriger Gebühren. Sie haben davon allerdings an vielen Stellen den städtebaulichen Nachteil, daß die Bahnhofflächen weit über das vernünftige Bedürfnis hinausgehen und hierdurch die gesunde Entwicklung der Stadt hindern. Besonders abschreckende Beispiele sind die New Jersey-Seite von New York, die vollständig mit Bahnhöfen „zugepflastert" ist, und der südliche Teil der Seefront Chicagos.

Das Zuviel an Bahnhöfen ist für die Finanzen der Eisenbahnen vielleicht noch schlimmer als das Zuviel an Strecken.

Zu 2. Die Vernachlässigung der Neben- und der Kleinbahnen, und zwar in der Form der „nebenbahnähnlichen Kleinbahnen" des platten Lands, hängt mit der ungleichmäßigen Netzdichte eng zusammen. Wo nämlich das Vollbahnnetz zu dicht ist, ist für Neben- und Kleinbahnen natürlich kein Platz, wo aber das Vollbahnnetz zu weitmaschig ist, kann eine neu hinzukommende Linie nicht als Kleinbahn gebaut werden, da sie dann den an sie herantretenden Verkehrsforderungen nicht gewachsen sein würde. Durch solche Verhältnisse werden allerdings die industriellen Gebiete wenig berührt, um so mehr dagegen die landwirtschaftlichen, also gerade die, die für eine gesunde Entwicklung der Besiedlung besonders wichtig sind. Wenn viele Gebiete der Union ihre landwirtschaftlichen Erzeugnisse so schlecht absetzen können und im Bezug von Düngestoffen so große Transportschwierigkeiten haben, so liegt das u. a. auch an dem Mangel an Kleinbahnen, gewisse Abhilfen hat allerdings der Kraftwagen gebracht. — Als „Kleinbahnen" in dem hier gebrauchten Sinn dürfen nicht die in Amerika zahlreichen „Überlandstraßenbahnen" angesprochen werden, die, meist von größeren Städten ausstrahlend, dem Personen-(Vorort-) Verkehr, u. U. auch einem beschränkten Güterverkehr dienen. — Zu der Vernachlässigung der Kleinbahn hat auch der Umstand beigetragen, daß fast alle Eisenbahnen zunächst bewußt primitiv gebaut wurden, daß man aber von Anfang an mit späteren Verbesserungen rechnete. Man hat also im Gegensatz zu Europa den Typ der einfachen, bescheidenen Kleinbahn, die bescheiden bleiben sollte, weil dies für landwirtschaftliche Gebiete voll ausreicht, nicht entwickelt, man vergleiche hiermit, daß man in dem wirtschaftlich doch höher stehenden Westeuropa die Schmalspur zu großer Bedeutung entwickelt hat, weil man eingesehen hatte. daß die Finanzierung von Vollbahnen bei anständiger Finanzgebarung nicht möglich ist — in Amerika war man aber nicht so ängstlich, und die Schmalspur hat sich hier kaum durchsetzen können (vgl. Pontzen a. a. O. S. 56).

Zu erwähnen ist auch noch der Umstand, daß der „schlechte" Bauzustand zu einem besonders guten Zustand der Fahrzeuge zwang. Die Bauingenieure haben also durch ihre „schlechten" Leistungen die Maschineningenieure zu besonders guten Leistungen gezwungen, und dann hat die Bevölkerung nirgendwo und für kein noch so bescheidenes Bähnchen auf den Vollbahn-Komfort verzichten wollen, denn der Amerikaner ist bekanntlich sehr für das eingenommen, was er „Komfort" nennt.

Für die Neben- und Kleinbahnen und ihre Bedeutung für das Siedlungswesen liegt der Vergleich mit Deutschland nahe: Die Staatsbahnen Deutschlands waren sich stets ihrer hohen nationalen Pflicht bewußt, daß sie berufen waren, das platte Land mit seiner Landwirtschaft, seinen Bauern, Dörfern und Kleinstädten zu stärken, sie haben zu diesem Zweck viele Nebenbahnen gebaut, obwohl deren Charakter als Zuschußbetriebe klar erkannt war, und sie haben diese Nebenbahnen in Fahrplan und Tarifen bewußt so gut behandelt, daß vielfach nicht einmal die Betriebskosten gedeckt werden konnten. In ähnlicher Weise haben die Staaten, Provinzen und Kreise das Kleinbahnwesen unterstützt. Die amerikanischen Eisenbahnen haben solche Pflichten nicht auf sich genommen, und wenn ihre Finanzlage infolge der vielen Fehler nicht noch trostloser ist, so liegt das zum Teil daran, daß sie nicht durch Nebenbahnen belastet sind.

Zu 3. Die amerikanischen Eisenbahnen haben recht wenig Zwischenstationen.

Zum großen Teil ist es allerdings in der Art der schon vorhandenen Besiedlung begründet gewesen, daß die trassierenden Ingenieure die Zahl der Zwischenstationen aufs äußerste beschränkten, denn die Zahl der Kolonisten war so gering, daß man mit wenig Stützpunkten für die Truppen, Händler, Jäger, ferner für die großen Plantagen, Bergwerke, Ölbohrungen, Sägewerke auskam, und auch dort, wo Ackerbau war oder eingerichtet werden sollte, war man um so mehr auf Sparsamkeit bei den Stationen bedacht, als es an Dörfern, die man als Kristallisationspunkte ansprechen konnte, fehlte; Parallelerscheinungen hierzu finden sich auch in Europa. In unheilvoller Wechselwirkung ergab sich hieraus, daß man auch später, als sich die Anlage zahlreicher Zwischenstationen gelohnt und die Anlage von Dörfern hervorgerufen haben würde, hierin sehr zurückhaltend war, so daß sich die wenigen, durch Bahnstationen ausgezeichneten Punkte um so schneller entwickelten.

Zu 4. Abgesehen von der zu geringen Zahl von kleinen Zwischenstationen werden diese, also die kleinen Orte, in Bau, Betrieb und Verkehr „schlecht behandelt". Da Stationen mit schwachem Verkehr bekanntlich recht oft ihre Kosten nicht decken, haben die amerikani-

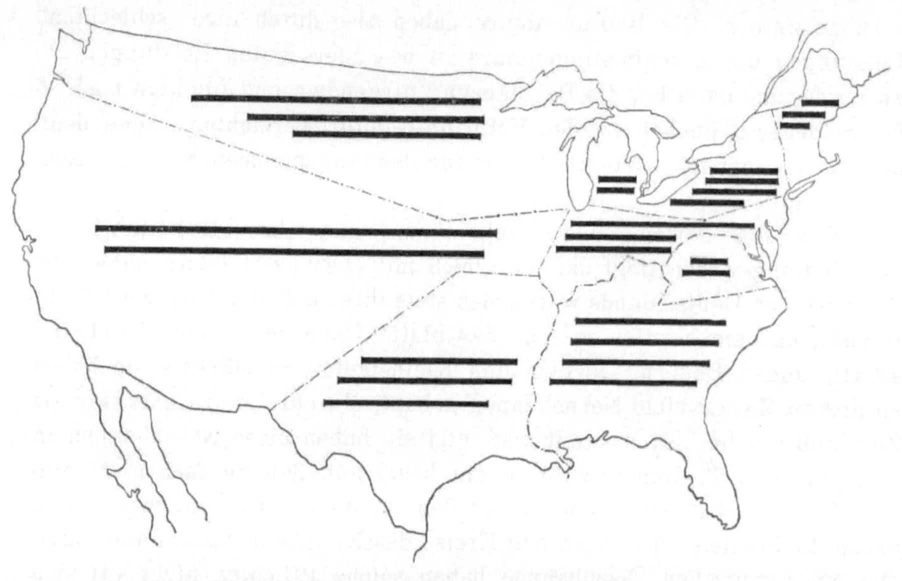

Abb. 31.
Länge der Eisenbahnen in den acht „Eisenbahnbezirken".

schen Eisenbahnen kein Interesse, sie pfleglich zu behandeln. Die Ausstattung mit Ladegleisen und Lademitteln ist primitiv, die Zahl der haltenden Personenzüge gering, die Bedienung im Güterverkehr, namentlich im Stückgutverkehr, vielfach nicht täglich, die Tarife sind u. U. so gestaltet, daß die kleinen Orte gegenüber den Groß- und Riesenstädten benachteiligt sind. Die Erscheinungen, die der Laie am amerikanischen Eisenbahnwesen besonders bewundert, die über Riesenstrecken ohne Halt durchfahrenden Expreßzüge und die großräumigen Güterwagen sind für das Siedlungswesen höchst bedenklich, denn sie benachteiligen die Kleinen und die Landwirtschaft, während sie die Großen und die Industrie begünstigen.

Zum Schluß sei noch unter Benutzung der Arbeiten Piraths an Hand der Abb. 31 bis 35 dargestellt, wie ungünstig sich infolge der

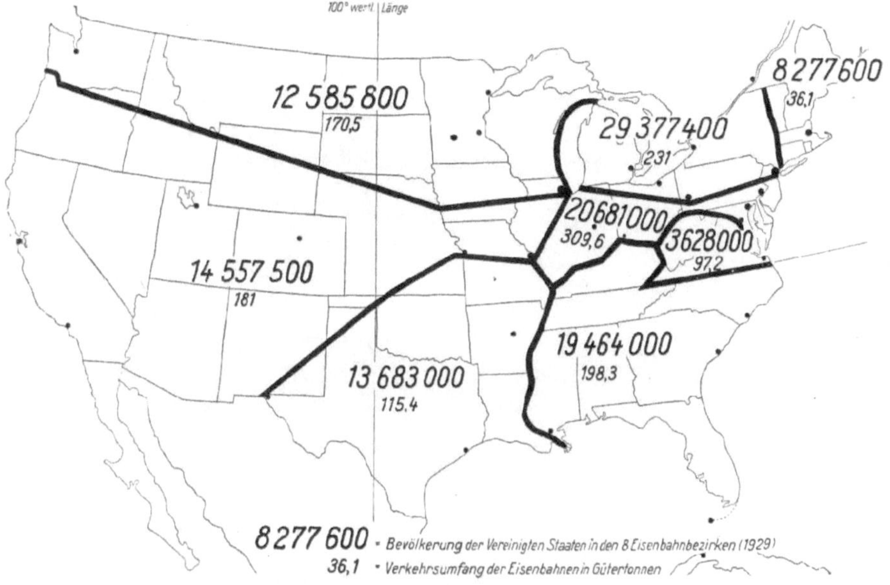

Abb. 32.

1. Bevölkerung der Vereinigten Staaten in den 8 Eisenbahnbezirken 1929.
2. Verkehrsumfang der Eisenbahnen in Gütertonnen.

Abb. 33.

Verteilung der Bevölkerung in den acht Eisenbahnbezirken.

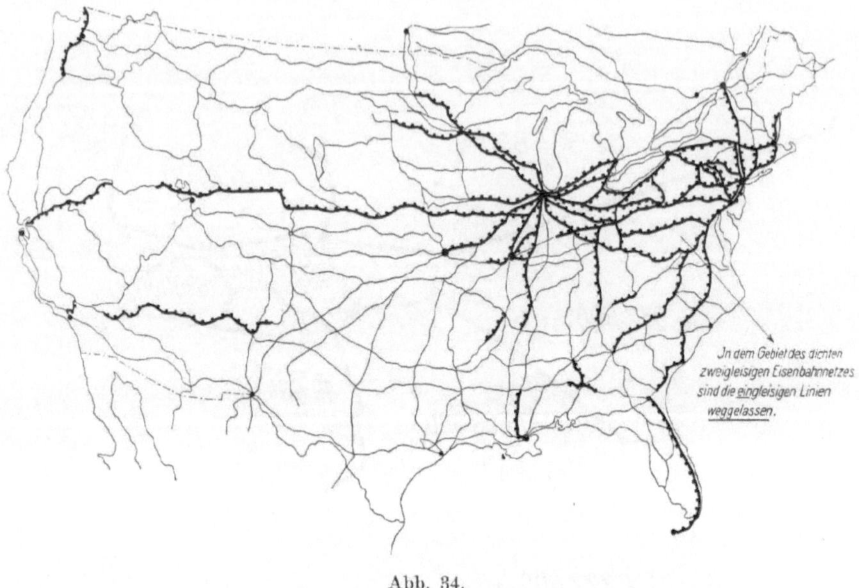

Abb. 34.

Die wichtigsten **eingleisigen** und **mehrgleisigen** Durchgangsbahnen der Vereinigten Staaten. Die Karte ist unzuverlässig, da die Unterlagen nicht genau sind, vergl. Pirath, Verk.-Woche 1932, Abb. 1.

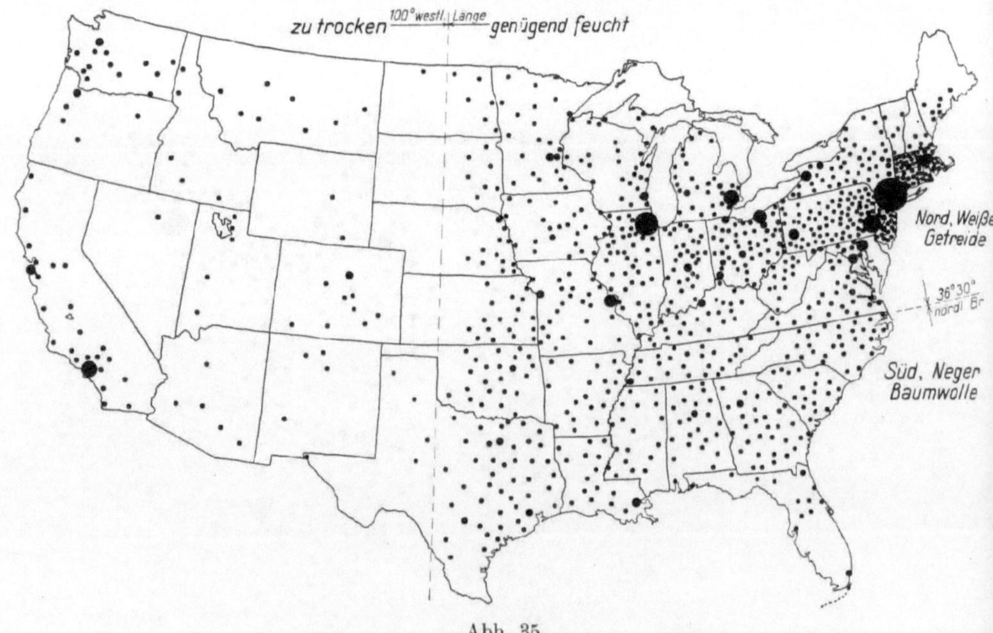

Abb. 35.

Verteilung der Bevölkerung in den Vereinigten Staaten von Amerika.

regional so ungleichen Dichte des Eisenbahnnetzes die Verkehrsverhältnisse der Eisenbahnen entwickelt haben, hierbei wird von der Einteilung des Eisenbahnnetzes in acht Bezirke ausgegangen.

Abb. 31 zeigt die Länge der Eisenbahnen,

Abb. 32 den Güterverkehr, nämlich den Versand in Tonnen,

Abb. 33 die Verteilung der Bevölkerung auf die acht Bezirke.

Aus Abb. 34 sind die Linien zu entnehmen, die zweigleisig (oder mehrgleisig) sind. Man ersieht aus ihr, wie gering der Anteil dieser Strecken ist, die überwiegende Zahl der amerikanischen Eisenbahnen ist also eingleisig.

Zum Schluß zeigt Abb. 35 die Verteilung der Gesamtbevölkerung der Vereinigten Staaten, und da diese Abbildung flächentreu ausgearbeitet ist, zeigt sie mit einem Blick das ganze Ungesunde dieser krassen Unterschiede, diese entsetzlichen Zusammenballungen und die furchtbare Leere.

Schlußbetrachtung.

Überblickt man im Zusammenhang, wie die geographischen Grundlagen und die geschichtlichen Vorgänge das Siedlungswesen und die Verkehrsentwicklung der Vereinigten Staaten beeinflußt haben und zu welchen wirtschaftlichen und nationalen Zuständen dies geführt hat, so kann man unmöglich jenen bekannten Ansichten zustimmen, daß „drüben“ alles kraftvoll und groß wäre, daß Nordamerika das in Technik und Wirtschaft am weitesten fortgeschrittene Land der Welt und daß es das Land der „unbegrenzten Möglichkeiten“ wäre. Die Lobredner sehen nur die räumliche Größe des Lands, das durch alle Klimata hindurchreicht, die hohe Fruchtbarkeit und die reichen Ernten, die Bodenschätze und die industrielle Entwicklung, die Riesenstädte mit ihrer Riesenausstattung an technischen Einrichtungen, die gewaltige Ausfuhr und die (bisherige) Abhängigkeit der Welt vom Dollar.

Sie sehen aber nicht die Schattenseiten. Sie sehen zunächst nicht, daß auch bei nur-wirtschaftlicher Betrachtung das strahlende Bild von vielen dunklen Schatten durchsetzt ist, und daß die wirtschaftliche Blüte vielfach nur Schein ist. Aber die nur-wirtschaftliche Betrachtung ist selbst für den wirtschaftlichen Teil des Völkerlebens falsch. Für alles menschliche Geschehen, namentlich für das Werden, Aufsteigen und Vergehen der Völker und Staaten ist die wirtschaftliche Betrachtung zwar unbedingt nötig und von höchstem Wert, sie muß aber durch die Untersuchung der völkischen, nationalen und sozialen Seiten ergänzt und überprüft werden, und diese Seite ist oft wichtiger als der nur-wirtschaftliche Erfolg. Denn letzten Endes geschieht alles auf Erden nur d u r c h den Menschen und nur f ü r den Menschen, und daher ist auch bei den scheinbar nur-wirtschaftlichen Fragen die Wirkung auf Mensch, Volk und Staat das Entscheidende.

Und in dieser Beziehung liegt in den Vereinigten Staaten viel im argen. Die Wurzeln der gegenwärtigen Krise gehen bis in die Fehler der Verkehrs- und Siedlungspolitik zurück, die Krise kann daher auch nicht von der Geldseite her überwunden werden, sondern ihre wirkliche Heilung muß vom Verkehrs- und Siedlungswesen her in Angriff genommen werden[1].

Zum Schluß drängt es mich, dem Schriftleiter des „Archivs“, Seiner Exzellenz Herrn Dr. v. der L e y e n , meinen herzlichsten Dank dafür auszusprechen, daß er mich bei der vorliegenden Arbeit durch Anregungen und den Nachweis von Literatur in liebenswürdigster Weise unterstützt hat.

---

[1] Vgl. Verkehrst. Woche 1933 Nr. 52.